湖南省社会科学院优秀学术文库

RESEARCH ON THE RELATION BETWEEN THE USE OF RESOURCES OF LAKE WETLANDS AND ECONOMIC DEVELOPMENT

湖泊湿地资源利用与经济发展

——以太湖湿地为例

邝奕轩◎著

社会科学文献出版社
SOCIAL SCIENCES ACADEMIC PRESS (CHINA)

目　录

CONTENTS

第一章　导论

第一节　研究背景

一　自然资源的可持续利用与可持续发展

自然资源开发和利用不当所造成的环境问题在1972年被许多第三世界国家的领袖们视为只有富国才能处置的“昂贵的问题”。虽然这种观点有一定市场，但已经不能令人彻底信服了。从全球范围来看，几乎所有的环境指标都是负值：酸雨等空气污染损害农作物和森林；水污染引发的湖泊和沿海岸诸海域营养过剩或富营养化问题严重影响自然环境中的水生态系统等。[①] 现代社会面临的这些困境是人类造成的，而整个自然生态系统仍在以惊人的速度持续恶化，对于发展中国家，尽管自然资源的消耗和垃圾产生的规模已经十分庞大，但经济发展仍未充分实现，仍然迫切需要从工业化和经济发展中获取利益。

当代社会，自然资源管理问题和人类对环境的影响已经开始成为国际和国家关注的中心问题。环境和发展，这两个一度互不关联的问题现在被紧密联系在一起。环境退化把越来越多的人推向贫困，而贫困本身又成了环境退化的推动因素，人类现在不是在摆脱贫困和阻止环境退化这两项任务中进行

① 世界资源研究所：《世界资源》，中国科学院自然资源综合考察委员会译，北京大学出版社，1992，第224～322页。

选择，而是必须创造一个在环境方面可持续发展的经济，即经济不能超越其物质极限，而应是生态阀的一个组成部分。因为现实中的经济运行是在全球生态系统的边界之内，而不是孤立存在的，地球上的自然资源数量是有限的，比如生态系统生产淡水，形成新的表土以及吸附污染的能力就是有极限的。资源消耗又是经济增长不可缺少的因素，随着世界经济的增长，人类可利用的自然资源在加速耗竭，如果经济增长方式不转变，结构不优化，过度消耗资源的状况不改变，经济发展将超过自然资源和环境的承载力。如果一种经济的繁荣是以牺牲后代的利益为代价，这种经济就不可被称为成功的经济。因此，经济增长必须建立在可持续发展的基础上，人类必须以可持续发展观来明智地利用自然资源，保护地球环境，实现经济的持续发展，改善人类的生活条件，从而缓解贫困并保护所有生命所依赖的生态系统。①

二　多学科融合与湿地资源可持续利用研究

科学走向交叉与综合是当代科学研究的重要发展态势。纯粹依赖人口学、经济学研究或者生态学研究来分别独立解决人口、资源与自然生态环境问题已经根本不可能满足人类社会经济可持续发展的要求，因为仅仅依靠单一学科的研究分析是很难解决后现代社会日趋复杂、严峻的人口增长、资源短缺、生态环境超阈值开发和利用等系统问题。人类社会经济系统的实质是生态大系统中的一个有机组成部分，对生态系统与人类社会经济系统的研究已经不再适宜简单的采用传统的专门学科进行研究，最为理性的方式是在传统专门学科研究的基础上，充分实现自然科学、社会科学及工程技术学科等多学科的交叉与综合研究，进而高效率地研究各类资源的配置以及人类社会经济活动对各类资源系统的影响程度及影响机制，深入探究人类社会经济系统与资源赖以依存的生态系统的辩证统一关系。②

---

① L. R. 布朗、K. 弗莱文、S. 波斯特尔：《拯救地球——如何塑造一个在环境方面可持续发展的全球经济》，贡光禹等译，科学技术文献出版社，1993，第 6 ~ 10 页。

② 沈长江：《资源科学的学科体系——关于资源科学学科建设的研讨》，《自然资源学报》2001 年第 2 期，第 172 页。

进入21世纪后，经济快速发展，自然资源与生态环境问题凸显，湿地资源价值与湿地生态系统服务功能作用更加重要。由于湿地重要的生态系统服务功能及其给人类带来的福利，对湿地的研究方向和内容得到进一步细化，同时，对湿地研究的综合性日趋强化，并充分体现社会科学与生态学、环境科学、水文等学科的协同，研究范围和内容十分丰富，经济发展过程中的湿地利用更是成为科学家们关注的重点。对经济发展过程中的湿地利用特点、资源变动特征等诸多问题的研究打破学科界限，开展多学科的交叉和综合研究已成为研究湿地可持续利用的迫切需要和发展态势。湖泊湿地作为湿地的一个亚类，一直是科学家们关注的重点。当前，许多经济学、管理学、生态学、环境科学的研究人员相继从事湖泊湿地资源配置与可持续利用研究，从生态学、环境科学、水文学、管理学、经济学等多个学科层面来探究湖泊湿地资源的合理配置与可持续利用，这为在经济发展过程中湖泊湿地利用的研究提供了研究基础。鉴于我国社会经济发展对湖泊湿地资源造成的压力以及湖泊湿地生态系统给人类带来的福利，尤其是众多学科的融合已为探索在经济发展过程中湖泊湿地的利用提供了更为开阔的视野，本书将在计量分析、现场调查、典型案例实证分析的基础上，融合经济学、环境科学、水文学等多学科知识，基于发展经济学的视角，通过对典型湖泊湿地与经济发展关系的描述来研究经济发展过程中的湖泊湿地利用走向成熟的机制，这符合当前科学研究发展的趋势，具有一定的理论和实践价值。

三　湿地、湖泊湿地利用与我国经济、社会发展和生态安全

人类社会曾经常用泥沼、荒野、沼泽、泥潭等词来说明“湿地”，“湿地”这个名词真正进入社会科学文献是源自《美国的湿地》[①] 一书，由于人类社会认识的局限性，人类社会曾将湿地环境和发展分裂开来，

① Shaw, S. P., C. G. Fredine, “Wetlands of the United States, Their Extent, and Their Value for Waterfowl and Other Wildlife”, U. S. Fish and Wild Life Service, U. S. Department of Interior, Washington, D. C. Circular 39, 1956, p. 67.

没有真正关注湿地，但随着人类社会进步，可持续发展的迫切要求将两者紧密联系在了一起。湿地资源管理问题、人类社会系统和湿地生态环境系统的辩证关系已经成为从社区到全球都关注的重点。湿地资源是自然资源的重要内容之一，是具有独特功能的生态系统，要创造一个在湿地生态环境方向可持续发展的经济，必然要将“湿地的合理利用”① 提上重要日程，可持续地利用地球上仅存的湿地资源，同样关系到人类的未来。

根据中国首次湿地调查（1995～2003 年）资料，我国国土面积的 4.01% 为湿地，《湿地公约》② 列出的 31 类自然湿地和 9 类人工湿地在中国均有分布，从沿海到内陆、从平原到高原山区、从寒温带到热带都有湿地分布。按自然属性分类，我国湿地包括天然湿地和人工湿地，其中天然湿地面积 36200.6 千公顷，而湖泊湿地面积占天然湿地面积的 23.07%，约为 8351.6 千公顷。③ 中国湖泊湿地的生境类型丰富多样，生物物种数量多，并有许多独有的生物种群，有湿地水鸟 12 目 32 科 271 种，主要是鹭、鹤、雁鸭类等，其中有 11 种为国家一级重点保护野生动物。22 种属于国家二级重点保护野生动物，中国湿地有 31 种亚洲濒危鸟类，中国记录的鹤类有 9 种，占世界鹤类的 60%。我国湖泊湿地蕴藏了丰富的生物资源、水资源和泥炭资源。湖泊湿地存储了大量的水分，湖泊总蓄水量约 7077 亿立方米，约有 2249 亿立方米的水量存储在淡水湖泊中。被誉为“地球之肾”的湿地生态系统是我国实现可持续发展进

---

① “湿地的合理利用”是指“在维持生态系统自然属性的同时，对湿地进行可持续利用，使其造福于人类”（《湿地公约》第 3 次缔约大会，1987）。科学技术评估委员会在 2005 年 11 月的《湿地公约》缔约大会上对此正式审议、修改定义为“在可持续发展的前提下，通过应用生态系统途径来维护湿地的生态特征”。

② 本书所指《湿地公约》也称《拉姆萨尔公约》，是历史最为悠久的全球政府间环境协议之一，于 1971 年在伊朗拉姆萨尔市正式签署，其任务是“通过局地、区域和国家的行动以及国际合作，保护和合理利用所有的湿地，为实现全世界的可持续发展作出贡献”。在过去 40 年间，《湿地公约》是全球范围内应对水与湿地生态系统（内陆、沿海和人工湿地）之间相互联系问题的唯一政府间国际公约。

③ 中国国家统计局：《各地区湿地面积》，http：//www.stats.gov.cn/tjsj/ndsj/2009/indexch.htm，2010 年 8 月 2 日。

程中关系到国家和区域生态安全的重要战略资源。

在我国社会经济发展过程中，湖泊湿地丰富的生物资源和环境调节等功能为我国社会进步和经济发展作出了难以估量的贡献。在以往的人类历史发展中，由于人口增长、粮食需求，土地扩张是现实中为传统农业生产方式提供有限增量的最直接的办法，因而湖泊湿地丰富的水土资源成为土地扩张的目标。新中国成立后，人口爆炸式的增长增加了对粮食的绝对需求，围湖造田遍及全国，湖泊湿地面积比新中国成立初期减少了大约130万公顷，其中，长江中游区域湖泊湿地面积相比1949年以前的湖泊湿地面积减少了大约40.6%（见表1－1）。[①] 人类生产活动对湿地生态系统的干扰加强，湿地资源遭到破坏，人口与资源、环境的矛盾日趋尖锐。

表1－1 长江中游区域湖泊湿地面积演变

单位：平方公里

时间	四湖	江汉湖群	洞庭湖
20世纪20～30年代	—	8330	4206
20世纪50年代	2030	5960	4009
20世纪70年代	—	2373	2507
20世纪80年代	444	2983	2146.9
20世纪90年代	707	2608	1502

资料来源：参见余国营《洪灾后的反思——湿地管理和洪水灾害的生态关系浅析》，《生态学杂志》1999年第1期。

我国湖泊湿地资源的变动与社会经济发展过程是密不可分的。围湖造田提供了大量的物质产品，满足了人类生存的需求，但过度的围垦导致湿地的丧失。我国工业化、城市化进程更加剧了工业、农业和生活污水对湖泊湿地的影响，进一步破坏了湿地生态系统。[②] 我国湖泊湿地在

① 余国营：《洪灾后的反思——湿地管理和洪水灾害的生态关系浅析》，《生态学杂志》1999年第1期，第34～38页。

② 吕宪国：《湿地生态系统保护与管理》，化学工业出版社，2004，第184页。

发挥经济、社会和生态效益的同时，面临着人类的巨大威胁，人类生存型扩张和发展型扩张相互交织，对湖泊湿地这种重要战略资源构成的压力日益增强。

第二节 问题的提出、研究目的和意义

一 湖泊湿地利用的国家比较

由于人类社会经济活动对湖泊湿地的干扰而导致湖泊湿地生态环境趋于恶化的现象并不仅在中国存在，而是一个全球普遍存在的问题。1972 年，在美国国家环保局调查的湖泊湿地样本中，若以叶绿素 a 作为营养状况的指示器，有 49% 的湖泊湿地，即 394 个湖泊湿地被列为重富营养化。根据美国国家水环境质量调查报告①，2000 年年初，美国联邦对选取调查的样本湖泊湿地进行评估，发现超过一半的湖泊湿地，即有 58% 的湖泊湿地（约 860 万英亩）被认定为已经遭受损害。以约克县的莫萨摩湖（Mousam Lake）为例，该湖泊湿地面积约为 863 英亩，位于缅因州南部。由于周边地区休闲渔业和旅游业的发展，莫萨摩湖遭受到了污染，磷等养分的增加导致藻类生长，降低了水体透明度和溶解氧的浓度，水体中过量的磷成分被认为是主要破坏因素。水质持续下降的趋势导致了莫萨摩湖湿地的生态环境持续恶化。1998 年，莫萨摩湖依据美国联邦清洁水法被认定为“受损害湖泊湿地”。当然，美国政府认识到了湖泊湿地水环境问题，制定了一系列政策以实现对湖泊湿地水资源的保护，并取得成效。由于一系列保护措施的采取，2006 年，莫萨摩湖被从第 303（d）名录中取消。根据美国国家湖泊湿地调查，到 2007 年，重富营养化湖泊湿地下降到 35%，即有 279 个湖泊湿地是重营养化；14% 的湖泊湿地，即有 117 个湖泊湿地为贫营养化，上升了 9 个百分点。美

---

① The U. S. Environmental Protection Agency, *National Lakes Assessment: A Collaborative Survey of the Nation's Lakes*, http://water. epa. gov/type/lakes/upload/nl a_ chapter8. pdf, 2010 - 10 - 15.

国国家调查结果表明，在调查样本的湖泊湿地中，26%的湖泊湿地营养状况得到改善，51%的湖泊湿地维持原有的营养发展态势。这意味着即使在美国人口及经济持续实现增长的过程中，美国有超过3/4的湖泊湿地依然维持现状，可见，美国湖泊湿地的整体情况是在改善。

事实上，这种转变在发达国家是普遍存在的。日本琵琶湖湿地（Lake biwa）是世界第三最古老的湖泊，为日本西部1400万人提供饮用水。[①] 在过去几十年，人类活动对琵琶湖湿地沿岸和集水区产生了重要影响。第二次世界大战前后，为了解决食物短缺和减轻贫困，琵琶湖湿地拥有的大量泻湖被围垦为农业用地，此外，湖边湿地的开发利用使许多天然湖滨区逐渐消失。20世纪50年代左右，人类对琵琶湖湿地的干扰后果主要是表现为农垦利用造成琵琶湖湿地水面的减少。20世纪60年代，日本经济进入高速增长时期，该湖泊湿地又面临着富营养化等水环境问题：初期，由于农业生产发展，大量的农业化学品被用于农业生产以增加农业产量的行为导致严重的农业化学污染，比如PCP（五氯酚）引发的大量鱼类的死亡，1962年琵琶湖渔业损失估计就有4亿日元；20世纪60年代后期，随着工业化进程和城市发展，工业点源污染的增加以及流域中居民的带有化学物质的生活污水的排放量持续增加，加速了水体中磷等营养物质的集聚，到1970年，水体中磷的含量超过了0.02毫克/升，氮的浓度超过了0.2毫克/升，20世纪70年代末期，琵琶湖湿地已经富营养化。随着琵琶湖湿地的持续恶化和生态系统的退化，人类也因为人类活动对琵琶湖湿地的过度利用遭受到严重影响，比如水俣病、痛痛病的产生。20世纪70年代，日本意识到了琵琶湖湿地面临的环境问题，制定了控制水质的环境标准以及一系列控制水污染的政策，还制订了旨在保护生物多样性的《琵琶湖全面保护计划》（"母亲湖21点计划"）。[②] 由于日本对环境管理的努力，琵琶湖湿地的水质已经达到

---

① Nakamura M., Akiyama M., "Evolving Issues on Development and Conservation of Lake Biwa Yodo Reiver Basin", *Science and Technology*. Vol. 23, 1991, p. 93 – 103.

② Tatuo Kira, Shinji Ide, Fumio Fukada, "Lake Biwa: Experience and Lessons Learned Brief", http://www.ilec.or.jp/eg/lbmi/pdf/05_ Lake_ Biwa_ 27February2006.pdf, 2010 – 12 – 10.

符合人类健康饮用的安全标准，富营养化程度明显降低，琵琶湖湿地水面得到恢复。

莫萨摩湖湿地和琵琶湖湿地利用过程表明，对莫萨摩湖湿地和琵琶湖湿地利用已经由早期资源的片面开发利用转向了开发利用与生态环境保护相结合的可持续利用阶段，湖泊湿地利用走向了成熟，湖泊湿地的水面、水质趋于稳定，湖泊湿地的生态环境开始呈现良性发展。

二　问题的提出

观察发达国家对湖泊湿地资源的利用，可以发现经济发达国家对湖泊湿地资源的利用不仅追求湖泊湿地的直接产品价值，还追求湖泊湿地生态系统服务，因而经济发达国家的湖泊湿地资源得到良好的保护；湖泊湿地的利用已经由早期片面开发利用水资源转向了开发利用与生态环境保护相结合的可持续利用阶段，即由初期的水面、水体的净化功能的利用开始向湖泊湿地的合理利用转变，湖泊湿地的水面、水质趋于稳定，生态环境呈现良性发展。然而，比较发达国家和发展中国家对湖泊湿地资源的开发利用历史，世界湖泊湿地资源的利用和湖泊湿地的保护很不平衡。发展中国家的湖泊湿地资源处于持续减少的态势，并且发展中国家大多仍关注有形湿地资源的利用。比如发展中国家很多沿湖社区，尤其是贫困发展中国家的沿湖社区，常常陷入“贫穷→资源枯竭→贫困加重→掠夺式开发”的恶性循环之中。贫困发展中国家沿湖社区的居民除了围垦湖面、掠夺性的攫取生物资源之外别无选择，尽管该地区沿湖居民已经意识到湖泊湿地生态系统的重要性。这说明经济发展程度存在差异的国家，其湖泊湿地资源的利用方式及其资源变动存在显著的不同，湖泊湿地利用方式及其资源变动与经济发展程度密切相关。前文所述的发达国家湖泊湿地利用案例表明，当经济发展到一定阶段时，湖泊湿地的水面、水量、水质趋于稳定，甚至好转，生态环境呈现良性发展，人类对湖泊湿地的利用将走向成熟。

作为发展中国家，我国的湖泊湿地利用是否已开始走向成熟呢？前文所述，我国湖泊湿地在发挥经济、社会和生态效益的同时，面临着人类生存型扩张和发展型扩张相互交织所带来的严重威胁。近年来，我国在湖泊湿地保护方面做了大量工作，也取得了较为显著的成效。1992 年 1 月中国加入《关于特别是作为水禽栖息地的国际重要湿地公约》（简称《湿地公约》）。1994 年 9 月林业部办公厅发出了《关于开展湿地资源调查的通知》，这是我国首次对全国湿地资源进行专项调查。1999 年 9 月，我国成立了专门针对湿地保护的第一个地方研究所——吉林省湿地研究中心。2000 年 6 月，国家林业局联合有关部委颁布实施《中国湿地保护行动计划》。2006 年，中国湿地保护工程开始启动。2009 年，国家林业局开展第二次全国湿地资源调查。我国对湖泊湿地的利用不再仅仅是强调对湖泊湿地资源的开发，已经向资源保护与开发相结合的可持续利用阶段转变；我国对湖泊湿地的利用政策也开始由初期的水面资源利用、单一的环境净化功能利用向湖泊湿地的综合利用过渡，我国经济发展过程中的湖泊湿地利用走向成熟是存在可能性的。

事实上我国很早就已经认识到湖泊湿地效益的重要性，以长江三角洲的太湖湿地为例，在 20 世纪 50 年代，中国科学院南京地理与湖泊研究所就已经开始了对该区域湖泊湿地全面深入的资源调查，内容涉及太湖湿地的自然特征与演变、太湖湿地的物理因素和化学因素、太湖湿地水资源及水生态环境变动以及太湖湿地的浮游生物、植物和动物种群变化。[①] 但是直到 20 世纪 90 年代末期，太湖湿地的开发利用仍是太湖湿地资源研究的主要目标，为什么大规模的湿地保护行动不在 20 世纪 60 年代就开始进行，以实现湿地资源的可持续利用呢？很显然，当时环太湖湿地周边区域面临的首要问题是实现经济增长、积累物质财富，还需要通过对太湖湿地的利用进而获取资源，降低发展成本。可见，环太湖湿地周边区域对太湖湿地的利用与区域经济发展程度是相对应的。

湖泊湿地与人类福祉紧密相关，包括湖泊湿地生态系统为人类提供

---

① 中国科学院南京地理与湖泊研究所：《太湖流域综合调查初步报告》，科学出版社，1965，第 1 ~ 63 页。

了众多改善人类福祉以及减轻人类贫困的服务。生活在湖泊湿地附近地区的人类群体，十分依赖这些湖泊湿地提供的服务，无论是物质产品，还是环境净化等生态系统服务。与此同时，随着人类活动对湖泊湿地干扰的加剧，湖泊湿地生态系统正在发生非线性变化甚至巨变，这将对人类福祉造成严重影响。湖泊湿地资源作为经济发展中的一种投入要素，湖泊湿地的利用与经济发展的不同阶段是联系在一起的。当经济发展到不同阶段之后，人类对湖泊湿地资源的利用也存在差异，相应的，湖泊湿地资源特征也存在差异。人类应准确把握经济发展过程中湖泊湿地利用的特征及其背后的影响因素，才能准确把握人类社会发展与湖泊湿地利用的关系，促进湖泊湿地利用早日走向成熟，从而实现经济发展和湖泊湿地资源持续利用的最佳整合。

三　研究目的

对当代社会人类需求的满足应该与对后代人需求能力的实现进行充分整合。即任何社会在确立自身可持续发展目标、实现经济与社会发展时应当选择这样的途径：尽量减少给人类后代造成损失的行为，如果这种行为实在是不能避免的，则应该为这种行为造成的损失进行合适的补偿从而弥补后代人的损失。[①] 这就是可持续发展观，可持续发展概念实质上反映了人类观点的潜在转变：人类的经济活动是与自然世界——一个有限的、非无限增长的、物质上封闭的生态系统相关的。这些经济活动所在的生态系统要求其在再生产原料“投入”和吸纳废弃物“产出”时，必须维持在这一生态可持续的水平上，以作为可持续发展的条件。这种观点变化涉及未来进步的道路的转变，即用质量性改进（发展）的经济范式来代替数量性扩展（增长）的经济范式。在这种新型的经济范式中，自然资源的可持续利用是重要的一极。湖泊湿地资源作为自然资源，有量、质、时间和空间等多种属性。时间和空间是利用湖泊湿地资

① 大卫·皮尔斯：《绿色经济的蓝图——衡量可持续发展》，李巍等译，北京师范大学出版社，1996，第5~7页。

源的两个限制条件。湖泊湿地资源的数量可用单位时间的体积或能量单位等尺度来衡量，湖泊湿地资源的质也有多种属性，而且和用途有关。质的属性决定这种自然资源能否满足使用要求（在一定的稀缺性和技术条件下），一定的用途可以使湖泊湿地资源的一些质的不同特性变得更为重要或比较次要。[①] 自然条件的改变和人类活动对湖泊湿地资源的影响决定了湖泊湿地资源的长期变迁。湖泊湿地资源变迁是自然条件和人类活动综合作用的结果，人类的出现意味着湖泊湿地资源变迁脱离湖泊湿地资源纯自然发展阶段，进入人类利用和影响自然资源的阶段。人们已经清醒地认识到，湖泊湿地资源体系是一个庞大的、复杂的、动态的、相互影响和相互联系的体系。人类今天所关心的湖泊湿地资源只是这个极为复杂体系中的某些部分。任何试图单独改变这个体系中的任何部分都会引起该体系中其他部分的改变，因为人类对这个体系的了解是有限的。可持续发展面临的挑战是基于科学发展观，人类应该如何有效地管理和最大限度地利用湖泊湿地资源。因为人口的数量和资本货物的累积是不可能永远增长的，在某个点上数量性增长必须让位于质量性发展以作为进步的途径。近几十年来，围垦、污染和富营养化正使湖泊湿地生态环境日益恶化，对湖泊湿地利用的加剧加速了湖泊淤积和沼泽化过程，导致了湖泊湿地生态系统功能的退化，太湖湿地生物多样性的减少就是例证：20 世纪 60 ~ 70 年代人类在太湖湿地兴起的围湖造田的生产活动致使水生植物资源大量减少，削弱了保持鱼类群落多样性的基础，太湖湿地沿岸带产卵的一些鱼类开始减少；20 世纪 80 年代以后，环太湖湿地周边地区发展迅速的工业化和城市化加剧了太湖湿地水体富营养化，进一步减少了定居性鱼类的产卵场和育肥场，使得部分定居性鱼类和溪流性鱼类难以在此生存。而我国作为一个发展中国家的现实情况充分表明，当前需解决的首要问题依然是发展，这就使得湖泊湿地资源面临着巨大的压力。

① 阿兰·兰德尔：《资源经济学：从经济角度对自然资源和环境政策的探讨》，施以正译，商务印书馆，1989，第 12 ~ 15 页。

本书以典型湖泊湿地为切入点，研究经济发展和湖泊湿地利用的关系，主要是描述典型湖泊湿地利用的历史，分析经济发展过程中湖泊湿地资源变动及其对经济发展的影响，并从经济发展角度研究湖泊湿地利用走向成熟的特征，构建经济发展中湖泊湿地利用走向成熟的模型，研究经济发展过程中典型湖泊湿地资源演变的特征及其内在逻辑。具体而言，本书对经济发展与典型湖泊湿地利用关系研究分为以下四个方面的内容。

第一，选择典型湖泊湿地，刻画经济发展过程中典型湖泊湿地利用的内容、湖泊湿地资源变化特征及湖泊湿地资源变化对经济发展的影响。自然环境的演变会使得湖泊湿地资源发生变动，而随着人类社会出现及发展，人类必将产生各种需求。人类将利用湖泊湿地的各种资源来满足人类不断增长的需求，在这个发展过程中，由于需求的产生及其变动必将诱致自然界物质资源供给的变动，人类对湖泊湿地资源的利用将使得资源的特征发生变动，经济系统和生态系统是共生的，资源的变动将对经济系统产生影响。通过对典型湖泊湿地利用历史的刻画，描述经济发展过程中湖泊湿地资源的变动及其反馈作用。

第二，以经济发展指标为尺度，以典型湖泊湿地为研究对象，构建经济发展过程中典型湖泊湿地资源变动的模型。湖泊湿地资源既是自然界重要的生态资源，也是可为人类直接利用、为人类带来福祉的重要资源，因此，湖泊湿地具有重要的生态效益、环境功能和物质资源供给等多种功能，经济发展过程中人类需求的变化使得人类对湖泊湿地的利用方式日趋多元化，这也使得湖泊湿地资源数量和质量出现变动。衡量标准选择经济发展水平，总结出经济发展过程中典型湖泊湿地利用走向成熟的基本特征，建立经济发展过程中典型湖泊湿地利用走向成熟的模型。

第三，探讨、分析影响典型湖泊湿地利用走向成熟的主要因素。依据发展经济学的理论，分析典型湖泊湿地利用走向成熟的各种因素，选择合适的计量模型检验各种因素对典型湖泊湿地资源变动的影响，以确定关键性因素。选择湖泊湿地利用方式丰富、开发利用程度较高的典型湖泊湿地作研究，能够把握经济发展中湖泊湿地研究问题的关键性特征，通过典型湖泊湿地利用走向成熟的研究，对典型湖泊湿地利用做出评价，探究经济发展过程中典型湖泊湿地利用走向成熟的机制，期望得到可借鉴的政策含义，期望对典型湖泊湿地利用走向成熟的研究成果能为我国湖泊湿地资源的可持续利用提供参考。

第四，解释典型湖泊湿地利用走向成熟的原因。依据发展经济学理论对典型湖泊湿地利用走向成熟的过程做出理论解释。

四　开展经济发展过程中湖泊湿地利用研究的意义

在理论上，基于发展经济学的观点，通过对湖泊湿地利用和经济发展关系的研究，探讨湖泊湿地利用走向成熟的特征及其影响机制，有利于丰富发展经济学的理论，并能为资源科学的发展提供实证。

第一，探讨经济发展和湖泊湿地利用之间关系的研究。以往有关湖泊湿地利用的研究更多的是关注经济增长对湖泊湿地退化的影响，即关注经济增长与湖泊湿地退化量的变化方面的关系。事实上，从“湖泊湿地退化”这个视角去认识人类历史上对湖泊湿地资源的利用是具有相当主观性的，人类没有破坏湖泊湿地的偏好，人类社会是不断进步、发展的，人类总是不断选择更为适宜的湖泊湿地资源利用方式，每个时期的湖泊湿地资源利用方式是特定历史环境下的人们根据能力范围内掌握的专门知识、经验知识、技能和信息，做出的实现区域内人们自身利益最大化的选择，选择方式的背后往往还有长期预期明显小于短期预期的社会背景。随着人类对湖泊湿地资源提供的多元化福利的认识，人类对湖泊湿地资源的利用已开始关注人类社会经济系统与生态系统的和谐发展，湖泊湿地资源变动将会趋向良性发展。经济发展过程中，湖泊湿地资源变动的表象背后隐藏着极为深刻的理论根源。现阶段，只关注经济发展过程中湖泊湿地量的变化，而忽视湖泊湿地资源变动背后的理论根源，是不能正确地认识经济发展和湖泊湿地资源利用之间的关系的。

第二，有利于丰富发展经济学的内容。从发展经济学理论体系上来看，结构主义为发展经济学研究发展中国家经济问题构建了基本的分析框架，相比经济增长目标，经济结构的演变，包括投入结构、产出结构以及消费模式的良性变化成为更重要的发展目标。发展经济学理论认为，多种要素推动着经济发展，资源利用也是发展经济学的研究重点。[①] 以牺牲自然资本来实现物资资本积累的经济发展方式难以维持经济的持续增长，因为经济增长模式如果不注重环境质量的维护、改善和资源利用效率的提高，这种增长模式将危及物资资产的累积与投资以及经济的可持续增长乃至人类福利的改善、提高。经济发展的一个关键就在于可持续地利用资源，最终实现湖泊湿地资源与经济发展脱钩。本书选择典型湖泊湿地利用是否已走向成熟为研究课题，就是基于发展经济学的观点，研究经济发展与湖泊湿地利用的关系，就是丰富发展经济学对资源利用问题的研究。

第三，有利于深化资源科学的研究。资源的管理与战略性问题已经成为资源科学的研究热点。在资源占有量相对丰富的历史时期，人类对资源的开发、利用在种类、品位和质量上具有比较灵活的选择，但是，当这种优势递减到一定程度时，人类就必须去探索新种资源、新种效用，去寻求资源高效合理的利用。资源是不同群体或利用方式的唯一受体，同种资源采用了不同的利用方式，其带来的效益和结果是有差异的，这就是合理利用资源的直接依据。当今世界，人口迅速膨胀，资源稀缺性日益明显，探索合理利用资源的管理问题就必然成为资源科学研究的热点。与此同时，资源科学研究的另一个热点就是资源战略问题。由于科学技术的进步，人类日益扩大其对资源的开发和利用的范围，伴随人类对资源的开发和利用，资源、环境和生态问题日益凸显，迫使人类从整体上、从长远利益上、从相互关系上来考虑可持续地开发和使用资源。而在联合国环境规划署、世界自然基金会和世界自然保护联盟世界自然

---

① 谭崇台：《发展经济学》，山西经济出版社，2006，第548~556页。

保护大纲中，湿地位列全球三大生态系统之一，又被誉为“地球之肾”。本书对经济发展过程中的湖泊湿地利用的研究不仅是关注支持人类生存与发展的湿地生态系统，还是对资源科学研究内容的丰富，通过实证分析经济发展过程中湖泊湿地资源变动的演变及其背后的机制，可为湿地资源的管理与战略性使用提供一个参照系，为中国湿地可持续利用提供借鉴。

第四，拓展基于库兹涅茨曲线的生态环境质量与经济发展的演变关系的研究。库兹涅茨曲线对经济发展与收入分配关系的研究成果表明：在经济发展过程中，人均收入的差异呈现倒“U”形发展态势。社会科学家研究发现，经济发展与环境质量演变的关系特征类似于分配库兹涅茨曲线，经济增长与环境质量的变动呈现阶段性特征，环境库兹涅茨曲线表明人类社会是可持续性趋向于增强的社会。经济发展过程中的资源利用也应具有库兹涅茨曲线的特征。[①] 湖泊湿地资源是自然资源的重要类型，经济发展过程中对湖泊湿地资源的利用使得湿地资源变动同样应具有库兹涅茨曲线的特征，即在人类社会经济发展的初期阶段，不受限制的开发和使用湖泊湿地资源，使湖泊湿地资源趋于稀缺，湖泊湿地遭到破坏，呈现退化态势，人类与湖泊湿地资源之间的关系趋向于紧张；随着经济的发展，人类不仅意识到湖泊湿地资源具有的其他功能对人类的贡献，比如环境、生态效益等功能给人类带来的福利，还具有了不断提高的支付能力，愿为生态环境改善支付费用，不合理利用湖泊湿地资源的态势将首先会得到遏制，其后开始得以扭转，伴随着经济发展的持续进行、收入差异的不断缩小，人类社会经济系统与生态系统的关系将日趋和谐。本书利用典型湖泊湿地的时间序列数据，探究湖泊湿地利用与经济发展之间关系的一般规律，以湖泊湿地为切入点，拓展现有 EKC 的研究。

---

① 李周、包晓斌：《中国环境库兹涅茨曲线的估计》，《科技导报》2002 年第 4 期，第 57 页。

第三节　研究方法和基本框架

本书依据典型湖泊湿地利用的历史资料，通过描述典型湖泊利用历史，刻画经济发展和湖泊湿地利用关系，探讨经济发展过程中湖泊湿地利用走向成熟的内在规律。在研究方法上，本书采用典型案例进行研究，通过现场调研、专家访谈、查阅历史资料的方式，收集大量典型湖泊湿地利用历史文献以及与湿地开发、利用相关的经济、社会统计资料。在此基础上，运用统计分析与计量经济研究、历史研究与比较研究等方法实现本书的研究目的。

采用典型湖泊湿地的案例分析，是考虑到数据收集的难度，中国湖泊湿地类型多样，数量众多，涉及湖泊湿地利用演变的关键性数据可能由于行政管理等因素难以获取甚至不完整。此外，许多湖泊湿地开发利用的程度也不一样，选择湖泊湿地利用方式丰富、开发利用程度较高的典型湖泊湿地作案例分析，能够把握本书研究问题的关键性特征，并通过对典型湖泊湿地的研究为中国湖泊湿地可持续利用提供借鉴。

在具体分析过程中，采用历史比较研究、统计分析与计量经济研究。

（1）历史研究。本书收集人类社会经济发展过程中典型湖泊湿地利用历史资料，以描述、归纳人类社会经济发展过程中典型湖泊湿地利用方式的变化以及湖泊湿地资源变动的特征，并收集典型湖泊湿地利用相关的经济、社会统计资料。

（2）统计分析与计量经济研究。在进行比较分析典型湖泊湿地的实证研究中，本书将对大量的实证调查数据和统计数据进行统计与计量分析：利用典型湖泊湿地的时间序列数据，运用计量经济学方法，建立典型湖泊湿地利用模型；运用多元统计回归方法分析影响湖泊湿地利用的各种因素，从中掌握关键性的影响因素，进而探讨经济发展过程中典型湖泊湿地利用走向成熟的机制。

本书研究的基本框架如图 1－1 所示。

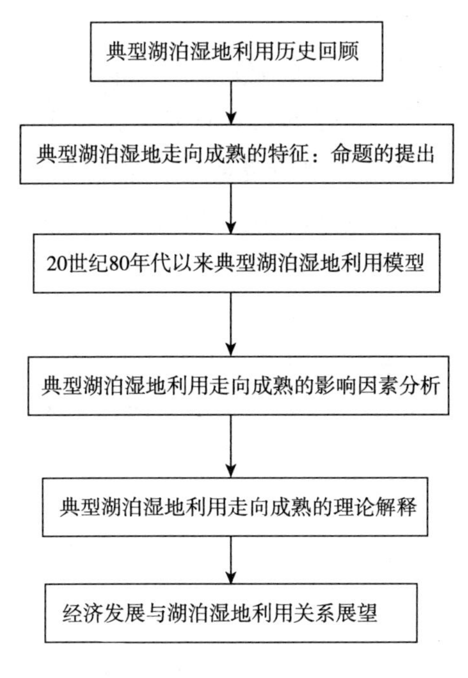

图 1－1　本书研究框架

第四节　湖泊湿地的定义与典型湖泊湿地的选择

一　湿地的定义

本书从发展经济学的角度研究经济发展过程中典型湖泊湿地资源利用，湿地是极为复杂的生态系统，湖泊湿地是湿地的一个亚类，明确湿地的定义又是界定湖泊湿地的基础工作，有必要在开展研究前准确定义湿地。人类对湿地利用，比如湿地的排水活动，在 19 世纪是人类社会十分正常的生产活动，那个时期无须定义湿地，因为在那个时期，将被排干了水的湿地转换成可以使用的土地的生产行为被认定为是最具有理性的人类活动。因此，直到 20 世纪 70 年代，人类才开始醒悟到精确地定义湿地是很有必要的，核算地球上仅存的湿地资源关系到人类的未来，而湿地的定义是正确估算地球剩余湿地资源的关键。精确的湿地定义对湿地科学家和湿地管理者都是必需的，湿地科学家感兴趣的是一个灵活而又严格的定义，便于分类和研究；而湿地管理者关注的是用来设计防止和控制湿地改变的法律、法规，因此这就产生了不同类型的定义：科学的定义与法律的定义。科学的定义是从自然地理学角度对湿地定义，认为湿地是指介于纯陆地生态系统与纯水生生态系统之间的一种生态环境，既不同于相邻的陆地与水体环境，又高度依赖于相邻的陆地与水体环境，[①]因此，湿地具有三个基本资源特征：湿地水文、湿地植物和湿地土壤。[②] 法律定义是基于对法律漏洞的关注而产生，一个是美国工程师兵团为了执行《清洁水法》中的"疏浚和填充"许可程序而强化其法律责任的定义，另一个是美国自然资源保护协会在《食品安全法》中所谓的"沼泽克星"条款下对湿地进行保护和管理而给出的定义，其共同特征是强调湿地的植被。1971 年的《湿地公约》给出了不同表述，[③] 该公约界定湿地为："不问其为天然或人工、长久或暂时之沼泽地、湿原、泥炭地或水域地带，带有或静止或流动、或为淡水、或半咸水、或咸水水体者，包括低潮时水深不超过六米的水域。"[④] 这个定义比较具体，具有明显的边界和法律的约束力，但是没有强调自然过渡带，没有揭示湿地的科学概念和内涵的实质，不过该定义在国际上具有通用性，全球有 100 多个国家签署了《湿地公约》。

---

① Mitsch W. J. , Jamnes G. G. , *Wetlands*, Van Nostrand Reinhold, 1986, p. 539.
Kent, Donald M. , *Defining Wetlands*, Lewis Publishers, 1996.
Klemov, Kenneth M. , *Wetland Mapping*, The Pennsylvania Academy of Science, 1998.
Shaw, S. P. , C. G. Fredine, "Wetlands of the United States, Their Extent, and Their Value for Waterfowl Land Other Wildlife", U. S. Fish and Wildlife Service, U. S. Department of Interior, Washington, D. C. , Circular 39, 1956, p. 67.
Cowardin, L. M. , V. Carter, F. C. Golet, and E. T. LaRoe, "Classification of Wetlands and Deepwater Habitats of the United States", *FWS/OBS* - 79/31, U. S. Fish and Wildlife Service, Washington, D. C. , 1979, p. 103.

② Skaggs R. W. , Amatya D. , et al. , "Characterization and Evaluation of Proposed Hydrologic Criteria for Wetlands", *J. Soil and Water Cons*, Vol. 49, No. 5, 1994, p. 501 - 510.

③ Brij G. , "Wetland Types", *The Pennsylvania Academy of Science*, 1998.

④ Office of International Standards and Legal Affairs, UNESCO, "Convention on Wetlands of International Importance Especially as Waterfowl Habitat", http://www.ramsar.org/key_conv_e.htm, 2004 - 05 - 08.

对西方学者而言，满足所有研究湿地学者的湿地定义仍然没有发展成熟，因为湿地的定义依赖于研究者的研究目标和感兴趣的研究领域。不同的定义可以被地理学家、土壤科学家、水文学家、生物学家、生态学家、社会学家、经济学家、政治学家、健康学家和律师所创制。

中国的湿地研究开始于20世纪60年代的沼泽研究。20世纪80年代初期，湿地研究重点一直是沼泽泥炭，80年代中期，我国学者开始关注湿地问题。1995年，出版了国内最早的、比较重要的研究湿地的论著——《中国湿地研究》。该文献中明确定义湿地为水深2米以内、积水期为4个月以上的陆地，[①] 湿地下界为挺水植物下限或沉水植物，季节性的积水土地积水时间应占整个植物生长时间的50%以上，[②] 湿地具备3个典型特征：土壤成半水成或水成态势；湿地表层处于积水态势；浅水生、沼生和湿生植物在湿地空间区域生长。[③] 2010年，国家林业局提出并经国家标准化管理委员会发布的湿地分类的国家标准中，将湿地定义为"天然的或人工的，永久的或间歇性的沼泽地、泥炭地、水域地带，带有静止或流动、淡水或半咸水及咸水水体，包括低潮时水深不超过6米的海域"[④]。

很显然，不同的湿地定义必然产生不同的湿地分类。本书是研究经济发展过程中湖泊湿地的利用，需要一个标准的湿地定义和分类，使得本书研究的成果可以为其他湖泊湿地研究提供一个科学的参照系。因此，本书出于研究的需要选择国家林业局提出并经国家标准化管理委员会发布了的定义及其界定的湖泊湿地："由地面上形状大小不一、充满水体的自然洼地组成的湿地，包括各种自然湖、池、海、错、淀等各种水体

---

① 佟凤勤、刘兴土：《中国湿地生态系统研究的若干建议》，见陈宜瑜著《中国湿地研究》，吉林科学技术出版社，1995，第10～14页。

② 王宪礼、肖笃宁：《湿地的定义与类型》，见陈宜瑜著《中国湿地研究》，吉林科学技术出版社，1995，第34～41页。

③ 杨永兴：《国际湿地科学研究进展和中国湿地科学研究优先领域与展望》，《地球科学进展》2002年第8期，第508～514页。

④ 中国国家标准化管理委员会：《中华人民共和国国家标准——湿地分类（GB/T 24708－2009）》，中国标准出版社，2010，第5页。

名称。”按照湿地分类的国家标准，永久性淡水湖泊为湖泊湿地。

二　典型湖泊湿地的选择

（一）典型湖泊湿地的选择

我国的一些湖泊湿地走向成熟是可能的，比如西湖。西湖湿地周边地区属于经济发达地区。人类对西湖利用的历史有几千年，当今西湖湿地得到良好的保护，西湖水域面积扩大，容积增加，水质改善，发挥着重要的生态旅游功能，但是西湖不具有普适性，因为不是所有的湖泊湿地终将以发挥旅游功能作为其综合利用的标志。本书必须选择具有普适性的湖泊湿地来作为典型案例研究。

人类社会经济发展过程中，人类活动必然对湖泊湿地产生影响，这个过程其实也是人类利用湖泊湿地生态系统各种服务功能为人类持续生存和发展提供服务的过程。因此，人类必然会使用湖泊湿地的各种功能为人类服务，对湖泊湿地资源利用就必然存在多种形式，而且在人类社会经济发展的各个时期，人类对湖泊湿地生态系统服务功能利用的类型、程度是有差异的。本书是对经济发展过程中人类对湖泊湿地的利用进行探究，就需要选择受人类活动干扰强烈、开发利用程度高、湖泊湿地多种功能被人类利用的湖泊湿地。

东部平原湖区的湖泊湿地在中国湖泊湿地面积排列第三，洞庭湖、鄱阳湖、洪泽湖、巢湖和太湖这五大淡水湖位于东部平原湖区，东部平原湖区是中国湖泊湿地分布密度最大的区域之一，这一区域湖泊湿地的主要特色就是湖泊湿地开发、利用历史久远，人类活动影响非常强烈，人类社会经济发展过程中，湖泊湿地变化强度很大。本书出于研究目的的需要选择东部平原湖区的湖泊湿地作为研究对象。此外，大型湖泊湿地对区域社会、经济发展的影响更加显著，考虑到数据可得性，选择特大型湖泊湿地、大型湖泊湿地更合适些，因为特大型湖泊、大型湖泊湿地对区域影响大，管理机构完善，管理水平相对较高，数据便于获取，本书选择特大型湖泊、大型湖泊湿地作为研究对象更有意义。

太湖湿地位于中国东部平原湖泊区域，太湖是中国第二大淡水湖[①]，又位于东部平原湖泊区域，太湖湿地处于太湖流域的中心地带，太湖流域面积总和为36894.9平方公里，湖泊湿地的湖区面积仅占中国面积的0.38%，湖区人口仅占全国总人口的3.8%，但太湖流域却是我国人口密集、经济发达的“金三角”区域，创造了中国国民生产总值的11.0%，人均7.0万元，是全国人均国民生产总值的2.9倍。太湖湿地为太湖流域的社会经济发展做出了重大贡献。纵观人类对太湖湿地的利用历史，尤其是新中国成立以来，伴随着国家政策的调整，对太湖湿地资源的利用走过了一条曲折的道路。在改革开放前，即20世纪60~70年代，由于区域人口增长、粮食需求的增加，土地扩张成为现实中传统农业生产方式提供有限增量的最直接的办法，而太湖湿地丰富的水面资源成为土地扩张的目标，因此太湖湿地水面大量减少，这种湿地水面大量减少的局面一直延续到20世纪70年代末期。改革开放后，随着农村生产承包责任制的实施，生产力得到解放，市场得到放开，环太湖湿地周边区域工业化进程加快，而太湖湿地降解污染物的净化功能减弱，加之制度的缺失，使得人们在经济发展过程中将经济增长的内部成本外部化，加剧了工业、农业和生活污水对太湖湿地的污染。后来随着人类对太湖湿地资源直接产品价值和间接价值的完整认识，开始了对太湖湿地的治理，20世纪90年代末期，“零点行动”就是太湖治理的一个开始。近年来，政府更加重视对太湖湿地的保护与恢复，不仅重视太湖湿地产品提供功能，还重视太湖湿地生命支持功能给人类带来的福利。因此，本书选择太湖湿地作为我国湖泊湿地资源利用和经济发展关系研究的典型湖泊湿地。

（二）典型湖泊湿地研究内容的界定

根据湿地的概念，太湖湿地是在水体运动过程中，借助各种动力，由冲击物、沉积物和堆积物形成，处于水生生态系统和陆生生态系统的

---

① 洞庭湖多年来随着湖面缩减已退为我国第三大淡水湖，鄱阳湖由原来的第二位上升为第一位，太湖由原来的第三位上升为第二位。

界面及其延伸区域，受水、陆两种生态环境的作用，是一类特异于水、陆两种生境，具有自身生态特征的生态系统。本书研究涉及对象包括太湖湿地纯湖区和尾闾区的湖泊。湖泊滩地是太湖湿地重要的湿地资源，具有防洪、水产养殖等多种功能，但总体而言，太湖湿地的湖泊滩地是不发达的，滩地发展系数小，演变缓慢；制约太湖湿地湖泊滩地演变的重要因素是太湖湿地的湖流和风浪特性及植被发育状况等自然因子，[①]故太湖湿地的湖泊滩地在本书中不予研究。

① 中国科学院南京地理与湖泊研究所：《太湖流域水土资源及农业发展远景研究》，科学出版社，1988，第85~86页。

第二章　相关研究综述

第一节　经济增长影响因素研究

现代经济理论将经济增长定义为一国人均或总体收入和产品的增长。如果一个国家增加了商品的生产和服务的供给，则可认为是“经济增长”。[①] 经济增长以及平均收入的增加是发展过程中的中心问题，如果没有经济增长，人类可能依然处于蛮荒时代，可持续发展不会出现。不同历史时期的科学家对特定时期的一定社会经济条件下经济增长的影响因素的研究及经济增长因素变迁探析对研究当前人类社会经济可持续发展是有重要借鉴意义的。

一　19世纪之前的经济增长影响因素研究

魁奈认为不同年度的消费倾向、赋税政策和农业生产领域的投资回报决定了农业生产领域里预付资本的变动态势。日趋减小的农产品消费倾向、日趋增加的农产品税金和日趋减少的农业投资收益都将减少农业固定资本，进而阻滞经济的增长，此外，人口的数量和农业役畜数量也会对此产生影响。[②] 在斯密看来，经济的增长是在一定社会经济环境和

---

① 德怀特·H. 波金斯等：《发展经济学》，黄卫平等译，中国人民大学出版社，1996，第7页。

② 〔法〕魁奈：《魁奈〈经济表〉及著作选》，晏智杰译，华夏出版社，2006，第7～28页。

制度下运行的产物，劳动、资本、土地、技术进步和一定的社会经济制度与环境是影响经济总产出或人均收入增减变动态势的重要变量。[①] 李嘉图认为经济增长过程是经济系统中多种因子综合作用的动态化过程，不仅要考察诸如劳动、资本、土地这些内生因素，还要考察技术创制与革新、社会制度、经济制度这些外生因素，技术创制与革新的影响是核心内容。[②]

二 19世纪到20世纪60年代的经济增长影响因素研究

哈罗德和多马基于凯恩斯的有效需求理论，考察一个国家在长期内的国民收入和就业的稳定的、均衡的理想增长条件以及实现这种理想增长的途径，哈罗德—多马模型着重强调物质资本的增长决定了经济增长率。[③]

索罗通过分别探究技术变动和人均可动用资本的变动所诱致的劳动生产率的变动来探讨“总量关系”，得出产量的增长或减少、劳动力教育的改进等都归属于“技术变动”因素的判断。[④] 索罗和斯旺[⑤]通过对规定资本系数（资本产出比）的假定的修正，提出了经济稳定增长的条件，认为技术进步可作为单独的因素来影响经济增长。[⑥] 新剑桥经济增长理论则是从收入分配这个视角来研究经济增长，以罗宾逊（J. Robinson）和卡尔多（Kaldor）为代表的新剑桥经济学家们认为适当的调整国民收入的再分配，在资本产出比率为常数的发展态势下，使得增长率和自然增长率相等是存在可能性的，进而主张政府采用调节利润或工资在国民收入中相

① 〔英〕亚当·斯密：《国富论》，郭大力、王亚南译，上海三联书店，2009，第13～130页。

② 〔英〕李嘉图：《政治经济学及赋税原理》，丰俊功译，光明日报出版社，2009，第12～35页。

③ 左大培、杨春学：《经济增长理论模型的内生化历程》，中国经济出版社，2007，第66～80页。

④ Solow, R. M., “Perspectives on Growth Theory”, *Journal of Economic Perspectives*, Vol. 8, 1994, p. 45－54.

⑤ Olow, R. M., “A Contribution to the Theory of Economic Growth”, *Quarterly Journal of Economics*, Vol. 70, 1956, p. 65－94.

⑥ 左大培、杨春学：《经济增长理论模型的内生化历程》，中国经济出版社，2007，第81页。

对份额的办法，来促使国民经济实现长期稳定增长。[①] 随着研究的深入，正确认识经济增长的影响因素开始凸显其重要性，经济增长因素分析就成为现代经济增长理论的重要研究分支。丹尼森的经济增长因素分析表明发展中国家资源丰富，要获取较高的经济增长就还要改进资源配置。库兹涅茨通过统计分析方法的运用，比较各国经济增长，提出经济增长的因素主要是知识存量的增加、劳动生产率的提高和结构方面的变化。库兹涅茨认为受到时代革新推动的现代经济增长迅速增加了世界上社会知识和技术知识的存量，这种存量被利用起来以后，就成为现代经济高比率的总量增长和迅速的结构变化的源泉，而且，单位投入的产出的高增长率促进了经济增长。[②]

三　20 世纪 60 年代后的经济增长影响因素研究

第二次世界大战之后，发展中国家的经济增长以及制度、技术、资源与环境对经济增长的促进与制约成为经济理论关注的热点，罗斯托从理论上论证了技术进步与知识累积对经济增长的决定影响。[③] 20 世纪 60 年代后期，新制度经济学家将制度引入到经济分析中，认为制度的规制和实施决定经济绩效，人类这个有序社会建构的社会、经济或政治体制是大量的规则、日常惯例、社会习俗和人类行为信念的复杂混合物，具有人为的功能，最终决定了人类达到预期目标可选择的路径，事实上，没有一个有效率的市场不是处于由市场参与者参与其中的制度结构之中，而人是构建任何社会、经济或政治体制的主导因素。科斯指出，恰当、理性的制度能够提高生产效率，进而促进经济增长，并认为产业革命包含的规模经济、技术创制和革新、资本累积和教育发展等现象就是经济

① 胡乃武、金碚：《国外经济增长理论比较研究》，中国人民大学出版社，1990，第 118 ~ 121 页。

② 〔美〕西蒙·库兹涅茨：《各国的经济增长》，常勋译，商务印书馆，1999，第 323 ~ 372 页。

③ 〔美〕W. W. 罗斯托：《经济增长的阶段：非共产党宣言》，郭熙保等译，中国社会科学出版社，2001，第 12 ~ 35 页。

增长。[①] 与此同时，在高速经济增长过程中，长期以来人类将经济增长看成是最为重要的追寻目标的信念遭受到严峻的挑战：人类社会发展过程中不断暴露出来的经济、社会、环境等方面的严重问题，使得经济增长是否是永恒无限成为西方科学界论战的焦点，经济学界产生分裂，形成了未来经济增长的乐观派和悲观派。丹尼斯·麦多斯在其发布的《增长的极限》这一报告中提出，世界系统中的两种正反馈环路处于优势地位，将造成工业资本和人口的指数增长，而且从长远来说，难以防止过度发展从而阻止系统的衰退，因此，增长必然将达到极限。[②] 霍华德和里夫金也认为“人类正处于历史的十字路口”，并用熵定律来说明人口与经济的增长正在以指数增长的发展态势消耗着世界非再生的能源和物质。[③] 但是，持乐观派观点的经济学家，如卡恩等学者对麦多斯提出的所谓5个基本因素进行了分析，认为后工业社会是人类社会发展的最高阶段，与在它之前社会发展阶段中存在的前农业社会、前工业社会、工业社会相比较而言，后工业社会是一个生产效率十分高的社会，因此，增长并非有限，在未来发展进程中，资源、环境等能支持经济增长，因为“施展的技术和创新能力、健全有效地管理体系和精明而有智慧的管理政策”会进一步刺激增长。[④]

从经济增长影响因素的研究过程可知，19世纪初，劳动资源、物资资本、社会分工、技术进步、制定的政策作为经济增长重要的影响因子已经出现。19世纪初到20世纪60年代的经济理论表明，因为人口的增长与劳动工具的改进，所以劳动已然转变为由货币资本购买的生产投入要素，而不再是影响经济增长的决定性因素，因此，资本积累就成为经济增长以及社会发展的决定性因素。20世纪60年代之后的

---

① 〔美〕科斯、诺斯、威廉姆森：《制度、契约与组织》，刘刚等译，经济科学出版社，2002，第10~15页。

② 〔美〕丹尼斯·麦多斯：《增长的极限》，于树生译，商务印书馆，1984，第12页。

③ 〔美〕杰·里夫金、特·德·霍华德：《熵：一种新的世界观》，吕明译，上海译文出版社，1987，第233页。

④ 赫尔曼·卡恩、威廉·布朗、利昂·马特尔：《今后二百年——美国和世界的一幅远景》，上海市政协编译工作委员会译，上海译文出版社，1980，第26页。

经济增长研究表明，知识的累积、技术的革新和制度的进步已然成为影响经济增长的决定性因素。尽管主流经济理论从来没有将自然资源与环境认定为经济增长的决定性因素，但是，经济学从研究之初就是同自然资源与经济活动之间的关系紧密相连的，研究经济增长的先驱者已经在思索经济增长受到的资源阈值和环境容量限制。① 在高速经济增长过程中日益暴露出来的生态环境等方面的严重问题更引起人们深思。随着以Romer、Lucas 和 Aghion 等为代表的新增长理论的兴起，② 出现了新的研究趋势，即将内生增长理论与自然资源、环境污染以及能源问题结合起来，如 Bovenberg 和 Smulders 在罗默的知识内生生产模型的基础上将环境因子引入生产函数来研究；③ Scholz 和 Ziemes 同样基于罗默的模型探讨了经济增长受不可再生资源的影响；④ Stokey 采用扩展的“AK”模型来研究经济持续增长与环境污染外部性问题；⑤ Aghion 和 Howitt 在熊彼特理论框架中引入了环境因子和非再生的自然资源因子，以考察可持续发展受资源、环境的限制的影响；⑥ Hartman 和 Kwon 将环境因子引入到卢卡斯的理论框架，以探究受环境因子制约的可持续发展问题。资源、生态环境问题已经成为实现人类社会经济实现可持续发展而必须面对的

① 李周：《环境与生态经济学研究的进展》，《浙江社会科学》2002 年第 1 期，第 28 页。

② Romer P. , “Endogenous Technological Change”, *Journal of Political Economy*, Vol. 98, No. 5, 1990, p. 71 - 102 .
Lucas R. E. , “On the Mechanics of Economic Development”, *Journal of Monetary Economics*, Vol. 22, No. 1, 1988, p. 3 - 42 .
Aghion P. , H. Peter, “A Model of Growth through Creative Destruction”, *Econometrica*, Vol. 60, No. 2, 1992, p. 321 - 351 .

③ Bovenberg A. , Smulders S. , “Environmental Quality and Pollution - augmenting Technological Change in a Two - sector Endogenous Growth Model”, *Journal of Public Economics*, Vol. 57, No. 3, 1995, p. 369 - 391.

④ Scholz M. , Ziemes G. , “Exhaustible Resources, Monopolistic Competition, and Endogenous Growth”, *Environmental and Resource Economics*, Vol. 13, No. 2, 1999, p. 169 - 185.

⑤ Stokey N. L . , “Are There Limits to Growth?”, *International Economic Review*, Vol. 39, No. 1, 1998, p. 1 - 31.

⑥ Aghion P. , H . Peter, *Endogenous Growth Theory*, MIT Press, 1998, p. 2 - 9.

现实问题。①

总的来说，经济增长的影响因素包括四个内容：自然资源和劳动；资本的累积；技术的创制与革新；知识的累积（技术是知识的一种转化形式，组织、制度则是知识的另外一种转化形式）。资本、技术的创制与革新和知识累积是较高层面的影响因素，而自然资源和劳动是任何人类生产活动所必需的。经济增长决定因素的变迁实质上反映了经济系统的发展规律。事实上，在经济发展过程中，经济系统是共生于生态大系统中，在地球生态系统中，人类的经济系统只是其中一个子系统。经济系统的运转必然从生态大系统中获取资源，并向生态大系统排放废弃物。正如图 2 - 1 所示，如果经济系统不科学、无限制地运转下去，当 T_1 时期的经济系统运行到 T_2 时期的经济系统，生态系统必将枯竭，最终导致生态系统崩溃，这时，人类的经济系统也就无法避免厄运。当生态系统的资源日趋枯竭时，资源和环境必将限制经济增长。

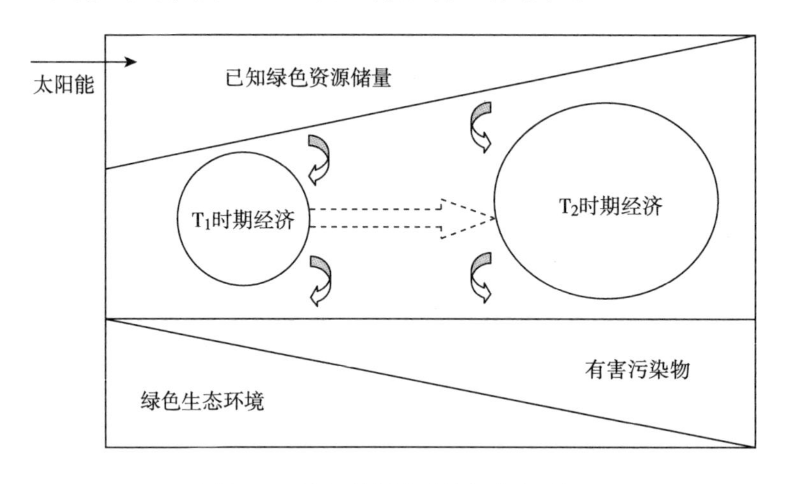

图 2 - 1　传统的经济系统与生态系统

因此，就必须调整经济系统的运行，实现经济系统和生态系统良好的可持续动态平衡。从图 2 - 2 可知，当经济系统从 T_1 时期运行到

① Hartman R.，Kwon S.，“Sustainable Growth and the Environmental Kuznets Curve”，*Journal of Economic Dynamics and Control*，Vol. 29，No. 10，2005，p. 1701 - 1736.

T_2 时期时，自然生态环境系统的资源储量呈现凹形，即随着经济的增长，用于经济系统运行的绿色资源储量在减少，但是没有枯竭，因为，与此同时，由于有害污染物排放的减少，绿色生态环境质量得到改善，绿色资源量得到提高，有效的弥补了绿色资源储量的消耗。在这个经济系统和生态系统的循环过程中，技术进步、组织管理、政策和制度创新有效地超越劳动和自然资源成为推动经济增长的因素。人类经济系统的良好运行应从实现经济系统和生态大系统的协调可持续发展为目标。

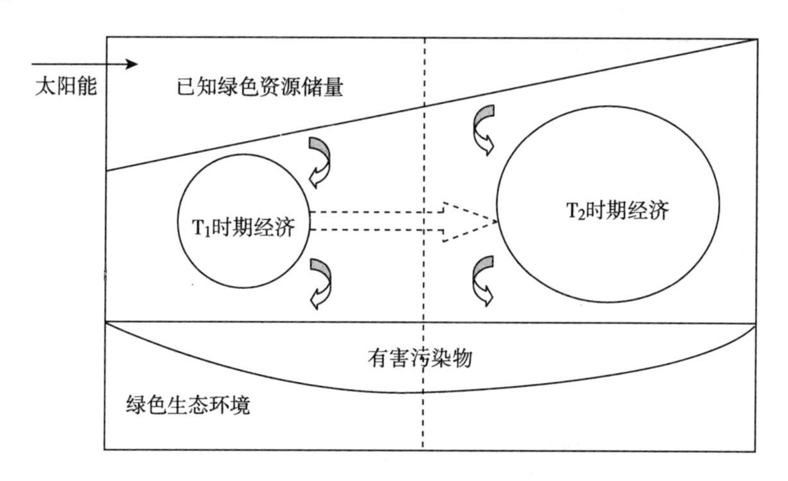

图 2-2　可持续的经济系统与生态系统

第二节　自然资源、生态环境与经济增长关系研究的最新进展

一　自然资源与经济增长的关系

对自然资源和经济增长关系进行研究的初期，科学家们对自然资源与经济增长之间关联度的观点是，认为这两者呈现正相关。认可该观点的科学家们认为经济要靠富裕的自然资源来实现增长，以开发、利用富裕的自然资源为增长基础的经济增长能够进入持续不断的经济增长并进

而增加当地社区民众的福利，因为经济增长所需的物质资料来源于自然资源，所以，自然资源禀赋相对有利的国家蕴含着巨大的发展潜力，可以通过开发自然资源实现经济起飞，丰裕的自然资源就是“自然红利”。自然资源具有的对经济增长的正向效应——自然资源禀赋丰富就一定能支持经济增长，就成为了20世纪50年代之前经济理论的基调。但是有些科学家却提出了迥异不同的观点，“普雷维什—辛格假说”与“荷兰病”就是例证，普雷维什在提交给联合国的报告中指出，在现阶段基于比较优势的国际贸易体系中，使得发展中国家出口初级产品带来增长的好处被发达国家无偿获取，[①] 这个观点得到实证研究的充分论证。[②] 20世纪70年代，发现丰富能源资源储备的荷兰反而面临着经济停滞的怪象也得出与“自然红利”截然不同的结论：丰富的能源禀赋改善了荷兰对外贸易平衡，却又诱发本币的真实汇率的增值，进而损害了该国农业和工业的国际竞争力，最终导致经济停滞。显然，某国产业具有战略互补性的主要制造业部门遭到自然资源开发的冲击，会偏离发展道路，进入低水平的均衡中。这就是“资源的诅咒”假说：资源的丰度并不一定有利于经济增长，自然资源的开发、利用没有增加民众的收益，多数民众依旧贫困，自然资源禀赋的富饶度成为了民众的贫困“诅咒”。[③] 对1970～1989年间多个国家的资源状态和经济增长之间的负相关性研究结果证明了该论断。[④] 显然，如果富饶的自然资源对其他的影响要素产生了挤出效应，就会对经济增长间接地产生负面影响，自然资源禀赋富饶的国家或地区的经济增长速度会低于自然资源禀赋贫瘠、稀缺的国家或地区的

---

① Prebisch R. Commerciao, “Policy in the Underdeveloped Countries”, *The American Economic Review*, Vol. 49, No. 2, 1959.

② Singer H. W., Warner A. M., “Natural Resource Abundance and Economic Growth”, *Center for International Development and Harvard Institute for International Development Harvard University*, 1995.

③ Auty, R., *Resource Abundance and Economic Development*, Oxford University Press, 2001.

④ Sachs J. D., Wamer A. M., “Natural Resource Abundance and Economic Growth”, *NBER Working Paper*, 1995.

增长速度。[①] “资源诅咒”假说在中国也得到实证检验，中国能源、资源相对匮乏地区的经济增长速度基本上要高于资源相对富裕的地区，[②] 尤其是资源型产品（矿产品、燃料和农产品）出口额占GDP的比重每提高16个百分点，经济的增长速度就会下降1个百分点。[③] 因此，不仅是自然资源或自然资源禀赋，资本、技术、组织、制度、公共政策甚至价值信念都能成为经济增长的源泉。[④] 在某种条件下，自然资源禀赋主要是通过外生的制度安排与内生的要素流动这两种渠道来共同影响经济的增长，相对富饶的自然资源所引致的相对衰弱，甚至出现衰退的制造业和不甚合理甚至缺乏有效监督的资源产权制度就是问题的关键。传统、粗放的发展形态必须调整，必须借助于科学技术的进步以及制度的创制、革新来实现经济增长质量和数量的统一，脱离纯粹依赖富饶的自然资源禀赋来实现经济增长的常规思维，自然资源的初始禀赋与以往的人类行为没有关联度，不应该被看成是制度的安排，自然资源的初始禀赋并不是一个真正能够解释经济的增长过程中存在差异的内在因素，而是外在变量。当然在经济发展的初始阶段，自然资源禀赋的作用相对于技术、组织和制度等因素而言，其作用更为凸显，因为技术、组织和制度等因素在这一发展阶段并不是明显的。然而，经济只要开始实现持续的增长，就必然要减弱自然资源的初始禀赋对经济发展的影响，这时就务必找到可以将开发自然资源获得的租金转换为向实现持续的经济增长所需的人力资本和社会一般资本投资的办法，即实现“基于自然资源为中心→基于人力资本和人造资本为中心”的形态转换，形成一个日益依靠人力资

---

① Gylfason, “Natural Resources, Education and Economics Development”, *European Economic Review*, Vol. 45, 2001.
Papyrakis, E., Gerlagh R., “The Resource Curse Hypothesis and Its Transmission Channels”, *Journal of Comparative Economics*, Vol. 32, 2004.

② 徐康宁、王剑：《中国区域经济的“资源诅咒”效应：地区差距的另一种解释》，《经济学家》2005年第6期，第96~102页。

③ 冯宗宪、于璐华、俞炜华：《资源诅咒的警示与西部资源开发难题的破解》，《西安交通大学学报》（社会科学版）2007年第2期，第7~18页。

④ 徐康宁、王军：《自然资源丰裕程度与经济发展水平关系的研究》，《经济研究》2006年第1期，第78~89页。

本的、可持续性日益增强的经济发展形态。值得说明的是，这种自然资源禀赋将与经济增长的脱钩不是不需要自然资源那么简单，人类社会的发展不可能没有自然资源的投入，自然资源禀赋的作用是永远不会完全消失的，人类社会是不断进步的，人类社会赖以存在、发展的资源将实现“自然资源→人力资本→自然资源”（或者是“自然资源→人造资本→自然资源”）的利用类型的转变，这是螺旋式的上升发展，而绝不是历史简单的回归，即建立在新一轮产业革命基础之上的否定之否定，这个资源类型的更替是建立在生物科学极大发展和资源利用技术极大进步的基础之上。[①] 当然，人类仍需清醒地认识到，地球上自然资源的数量是有限的，而资源的消耗又是经济增长不可或缺的要素，随着经济的增长，人类社会可以利用的自然资源正在迅速耗竭。如果人类不理性的转变传统的经济增长方式，不优化经济发展的结构，不改变毫无节制的消耗资源的状态，经济增长终将超过自然资源和环境的阈值，因此，经济增长必须建立在可持续发展的基础之上。

二　经济增长与环境库兹涅茨曲线

库兹涅茨曾就一国个人收入状态和国家经济发展水平的关系提出倒“U”形假说。在探究经济增长与环境质量关系过程中，科学家们借用倒“U”形假说来考察环境质量与经济增长的变动态势（见图2－3）。

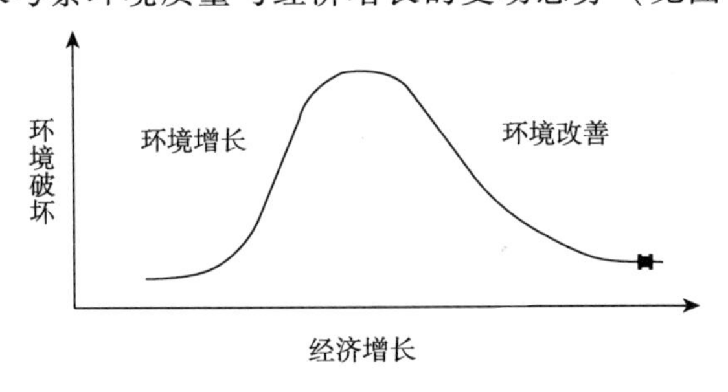

图2－3　经济增长与环境破坏

① 李周、包晓斌、王利文：《生态环境问题概论》，见滕藤、郑玉歆编《可持续发展的理念、制度与政策》，社会科学文献出版社，2004，第308～310页。

环境库兹涅茨曲线表明：经济的增长态势与环境质量之间的关系呈现倒“U”形状，其隐含的逻辑是假定在经济增长的早期阶段，生产还不够充分，人类经济活动产生的污染形势还不严峻，随着人均收入的持续提高，环境质量退化态势日益凸显，经济增长超过一定阈值后环境质量开始好转。这个假定隐含的推理是：环境质量在较低人均收入水平阶段会恶化。这是因为社会经济结构和环境质量必然经历剧烈的结构调整，比如人口从乡村向城市迁移和经济资源配置的逐步转变（即实现“农业生产部门→工业生产部门→第三产业生产部门”的转移）。经济增长和环境质量这种关系的演变可以被解释为：人类社会经济增长到某种程度的水平时，将开始重视清洁的水源、健康的森林、清新的空气等良好的生态环境，而不再是对收入持续增加的渴望。因为按照微观经济学的观点，对人类而言，一个清洁的环境是典型的一般消费品，其收入弹性要大于整个自然资源的收入弹性，当人们经济条件转好，变得更加富裕时，人们有了新的消费需求，将愿意为良好的生态环境的消费支付高昂的消费费用，收入的增长会诱致生态环境质量的改善。

经济增长与环境质量之间的关系是相互依存的共生关系。经济活动涉及生产和消费过程，不可能与生产、消费活动地点的环境分开，因此，随着经济增长，经济系统将增加对环境的影响。环境库兹涅茨曲线的假说以及发达国家的事实（发达国家对环境的关注也是在经济发展过程的后期）为“先发展后清理”的经济发展理念变相地提供了支持，使得发展中国家普遍存在注重经济增长、几乎完全忽视环境问题的倾向，认为经济增长是治理环境质量恶性发展的灵丹妙药。然而，现在人们普遍认识到，环境指数会存在库兹涅茨曲线，但是如因此而不采取行动甚至姑息环境的污染，其成本将会极其高昂，事实上依赖收入的简单增加来实现最终改善环境的做法是有限的，因为经济增长往往忽略了经济增长过程中副作用所导致的环境污染造成的损害，尤其是许多发展中国家在相当长的时期内无法达到库兹涅茨曲线的转折点所需的收入水平。经济增长过程中引发的环境恶果，日益引起人们的关注，出现了大量的研究成果。绝大多数关于经济增长和环境质量关系的实证研究都注重于环境质量的降解功能指数，比如空气中悬浮物颗粒的浓度、二氧化碳和硫的排放量、其他类型大气环境指标、水中的生物需氧量、重金属毒物、人均生活垃圾产生量、森林采伐率、未垦地剩余、无机工业污染物的污染范围以及人均碳排放等。[①] Sarah 等采用经济参数人均真实财富（RWPC），即将人均的个人财产和不动产的价值作为经济指标，溶解活性磷（DRP）、透明度和沉积率作为生态指标，建立模型：

$$E_{it} = \beta_0 + \beta_1 RWPC_t + \beta_2 RWPC_t^2 + \beta_3 RWPC_t^3 + \varepsilon_{it}$$

对威斯康星州戴恩县门多塔湖整个20世纪的非点源时间序列数据进

---

① Shafik, N., Bandyopadhyay, S., "Economic Growth and Environmental Quality: Background Paper for the 1992 World Development Report", *The World Bank*, Washington D. C., 1992.
Selden, T. M., Song, D., "Environmental Quality and Development: Is There a Kuznets Curve for Air Pollutions?", *Journal of Environmental Economics and Management*, Vol. 27, 1994, p. 147 - 162.
Cropper, M., Griffiths, C., "The Interaction of Population Growth and Environmental Quality", *American Economic Review*, Vol. 84, 1994, p. 250 - 254.
Skonhoft, A., Solem, A., "Economic Growth and Land - Use Changes the Declining Amount of Wilderness Land in Norway", *Ecological Economics*, Vol. 37, 2001, p. 289 - 301.
Holtz - Eakin, D., Selden, T. M., "Stoking the Fires? CO_2 Emissions and Economic Growth", *Journal of Public Economics*, 1995, 57: 85 - 101.
Grossman, G., Kreuger, A., "Economic Growth and the Environment", *Quarterly Journal of Economics*, Vol. 110, No. 2, 1995, p. 353 - 377.
Hettige, H., Lucas, B., Wheeler, D., "The Toxic Intensity of Industrial Production: Global Patterns, Trends and Trade Policy", *American Economic Review*, Vol. 82, 1992. p. 478 - 481.
Rock, M., "Pollution Intensity of GDP and Trade Policy: Can the World Bank Be Wrong?", *World Development*, No. 24, 1996, p. 471 - 479.
Selden, T. M., Song, D., "Environmental Quality and Development: Is There a Kuznets Curve for Air Pollutions?", *Journal of Environmental Economics and Management*, Vol. 27, 1994, p. 147 - 162.
Moomaw, W. R., Unruh, G. C., "Are Environmental Kuznets Curves Misleading? The Case of CO_2 Emissions", *Environment and Development Economics*, Vol. 2, 1992, p. 451 - 463.

行实证研究以验证 EKC 曲线。[1] Bhattarai 和 Hammig 在研究热带雨林森林砍伐问题时发现了支持环境库兹涅茨假说的强有力证据。[2] 此外，生物多样性成为经济增长和环境质量关系研究的重点。Mills 和 Waite 用森林砍伐率作为生物多样性的威胁指数，估计了 35 个热带国家的人均收入与生物多样性之间的关系。[3] 但是，Dietz 的研究表明 EKC 理论应用于生物多样性是不可能的，因为环境库兹涅茨曲线的假说被认为唯一有效的情况是环境损坏是可逆的，而生物多样性一旦遭到破坏，要恢复栖息地，实现物种的恢复却是非常困难的，[4] Michael 和 Vanlantz - Roberto 基于 EKC 理论探讨了生物多样性的保护。[5] 能源使用也成了研究的对象。[6]

目前国内 EKC 曲线实证研究在环境指标研究上也有所拓展。国内 EKC 曲线实证研究采用的环境资源指标有大气环境指标[7]、水环境

---

① Sarah E. Gergel, Elena M. Bennett, Ben K. Greenfield et al, "A Test of the Environmental Kuznets Curve Using Long - Term Watershed Inputs", *Ecological Applications*, Vol. 14, No. 2, 2004, p. 555 - 570.

② Bhattarai, M., Hammig, M., "Institutions and the Environmental Kuznets Curve for Deforestation: A Crosscountry Analysis for Latin America, Africa and Asia", *World Development*, Vol. 29, 2001, p. 995 - 1010.

③ Julianne H. Mills, Thomas A. Waite, "Economic Prosperity, Biodiversity Conservation and the Environmental Kuznets Curve", *Ecological Economics*, Vol. 68, 2009, p. 2087 - 2095.

④ Dietz, S., Adger, W. N., "Economic Growth, Biodiversity Loss and Conservation Effort", *Journal of Environmental Management*, Vol. 68, 2003, p. 23 - 35.

⑤ Michael, A. M., Michael, L., "Nieswiadomy Sliding Along the Environmental Kuznets Curve: The Case of Biodiversity", *Economics Department of the University of North Texas*, 2000.
Vanlantz, Roberto Martinez - espineira, "Testing the Environmental Kuznets Curve Hypothesis With Bird Populations as Habitat - Specific Environmental Indicators: Evidence from Canada", *Conservation biology*, Vol. 22, No. 2, 2008, p. 428 - 438.
Julianne H. Mills, Thomas A. Waite, "Economic Prosperity, Biodiversity Conservation and the Environmental Kuznets Curve", *Ecological Economics*, Vol. 68, 2009, p. 2087 - 2095.

⑥ Horvath, R. J., "Energy Consumption and the Environmental Kuznets Curve Debate", *Department of Geography, University of Sydney*, 1997.

⑦ 张晓：《中国环境政策的总体评价》，《中国社会科学》1999 年第 3 期，第 95 ~ 98 页。
陆虹：《中国环境问题与经济发展的关系分析——以大气污染为例》，《财经研究》2000 年第 10 期，第 56 ~ 59 页。
凌亢、王浣尘、刘涛：《城市经济发展与环境污染关系的统计研究——以南京市为例》，《统计研究》2001 年第 10 期，第 46 ~ 52 页。
吴玉萍、董锁成、宋键峰：《北京市经济增长与环境污染水平计量模型研究》，《地理研究》2002 年第 2 期，第 39 ~ 46 页。

指标①、重金属与有毒物指标②、人均碳排放③。

几乎所有的EKC的研究都力图解决以下常见问题：第一，在经济增长和环境退化之间是否存在倒“U”形关系？第二，如果有，经济增长导致收入水平提高到何种程度，环境退化才开始下降？

对国内外EKC实证研究在EKC假说的计量方程模型研究文献进行分析整理得到EKC假设的计量方程模型（见表2-1）。

实证研究表明，有关经济发展与环境质量之间的关系的结论不一，但都得到广泛的关注。一方面，一些研究者认为，增加经济活动不可避免地导致环境恶化，最终可能导致经济和生态系统的崩溃，经济增长不是环境质量改善的灵丹妙药，事实上经济增长甚至不是环境质量改善的主要因素。换句话说，实现可持续发展就必须妥善地管理经济、社会与生态环境，忽视任何一个方面都可能威胁到经济增长甚至整个人类的发展。④ 另一方面，一些学者通过分析认为，环境问题能够得到解决，而这是经济增长的结果，乐观的观点认为经济增长对于人类社会可持续发

① Grossman, G., Kreuger, A., "Economic Growth and the Environment", *Quarterly Journal of Economics*, Vol. 110, No. 2, 1995, p. 353-377.

Shafik, N., Bandyopadhyay, S., "Economic Growth and Environmental Quality: Background Paper for the 1992 World Development Report", *The World Bank*, Washington D. C., 1992.

Cole, M. A., Rayner, A. J., Bates, J. M., "The Environmental Kuznets Curve: An Empirical Analysis", *Environment and Development Economics*, No. 2, 1997, p. 401-416.

赵细康、李建民、王金营、周春旗：《环境库兹涅茨曲线及在中国的检验》，《南开经济研究》2005年第3期，第48~54页。

李智、鞠美庭、刘伟、邵超峰：《中国经济增长与环境污染响应关系的经验研究》，《城市环境与城市生态》2008年第4期，第45~48页。

柯高峰、丁烈云：《洱海流域城乡经济发展与洱海湖泊水环境保护的实证分析》，《经济地理》2009年第9期，第1546~1661页。

俞虹、杨凯、邢璐：《中国西部地区水环境污染与经济增长关系研究》，《环境保护》2007年第10期，第38~40页。

② 谢小进、康建成、李卫江、张建平：《上海城郊地区城市化进程与农用土壤重金属污染的关系研究》，《资源科学》2009年第7期，第1250~1256页。

③ 刘扬、陈劭锋：《基于IPAT方程的典型发达国家经济增长与碳排放关系研究》，《生态经济》2009年第11期，第28~31页。

④ Arrow K., "The Economic Implications of Learning by Doing", *Review of Economic Studies*, Vol. 29, 1962, p. 155-173.

展不是威胁，没有必要加以环境保护的限制，环境库兹涅茨假说是合理的。[①]

表 2－1　EKC 假设的计量方程模型

参数	方程形式	研究文献
收入（γ），贸易（T）	$E_{it}=\beta_0+\beta_1\gamma_{it}+\beta_2\gamma_{it}^2+\beta_3T_{it}+\varepsilon_{it}$	Cropper－Griffiths（1994），Cole（1997），Suri－Chapman（1998）
收入（γ），人口密度（P）	$E_{it}=\beta_0+\beta_1Ln(\gamma_{it})+\beta_2Ln(P_{it})+\beta_3Ln(\gamma_{it})^2+\beta_4Ln(P_{it})^2+\varepsilon_{it}$	Selden and Song（1994），Roberts and Grimes（1997），Vincent（1997）
收入（γ）	$E_{it}=\beta_0+\beta_1\gamma_{it}+\varepsilon_{it}$ $E_{it}=\beta_0+\beta_1\gamma_{it}+\beta_2\gamma_{it}^2+\varepsilon_{it}$ $E_{it}=\beta_0+\beta_1\gamma_{it}+\beta_2\gamma_{it}^2+\beta_3\gamma_{it}^3+\varepsilon_{it}$ $E_{it}=\beta_0+\beta_1Ln(\gamma_{it})+\varepsilon_{it}$ $E_{it}=\beta_0+\beta_1Ln(\gamma_{it})+\beta_2Ln(\gamma_{it})^2+\varepsilon_{it}$	Shafik－Bandyopadhyay（1995），Rothman（1998），Kahn（1998），Madhusudan（2001），Hettige（1992），Mills（2009），柯高峰（2009），俞虹（2007），赵细康（2005），凌亢（2001），沈满洪（2000），吴玉萍（2002）
收入（γ），人口密度（P）与政策（ρ）	$E_{it}=\beta_0+\beta_1\gamma_{it}+\beta_2\gamma_{it}^2+\beta_3P_{it}+\beta_4P_{it}^3+\beta_3\rho_{it}+\beta_4\rho_{it}^3+\varepsilon_{it}$	Vanlantz（2008）
城市化水平（σ）	$E_{it}=\beta_0+\beta_1\sigma_{it}+\beta_2\sigma_{it}^2+\varepsilon_{it}$	谢小进（2009）
收入（γ），技术革新和产业结构（Z）	$E_{it}=\beta_0+\beta_1\gamma_{it}+\beta_2\gamma_{it}^2+\beta_3\gamma_{it}^3+Z_{it}+\varepsilon_{it}$	李智等（2008）
收入（γ），人口密度（P）与地理参数（G）	$E_{it}=\beta_0+\beta_1\gamma_{it}+\beta_2P_{it}+\beta_3G_{it}+\beta_4\gamma_{it}^2+\beta_5P_{it}^2+\varepsilon_{it}$	Grossman－Krueger（1995）
收入（γ），人口密度（P），人口增长（g）和政策（ρ）	$E_{it}=\beta_0+\beta_1\gamma_{it}+\beta_2\gamma_{it}^2+\beta_3\gamma_{it}^3+\beta_4P_{it}+\beta_5P_{it}^2+\beta_6P_{it}^3+\beta_7g_{it}+\beta_7g_{it}\gamma_{it}+\beta_9\rho_{it}+\beta_{10}\rho_{it}\gamma_{it}+\varepsilon_{it}$	Panayotou（1997），Gary－Lise（1999）
收入（γ），制度（I）与政策（ρ）	$E_{it}=\beta_0+\beta_1\gamma_{it}+\beta_2I_{it}+\beta_3\rho_{it}+\varepsilon_{it}$	Torras－Boyce（1998），Madhusudan（2001）

图 2－4 以典型的 EKC 曲线和一些实证研究中提出的不同形态的

① Stern，D. I.，Common，M. S. and Barbier，E. B.，"Economic Growth and Environmental Degradation：The Environmental Kuznets Curve and Sustainable Development"，*World Development*，Vol. 24，1996，p. 1151－1160.

EKC 曲线进行说明。

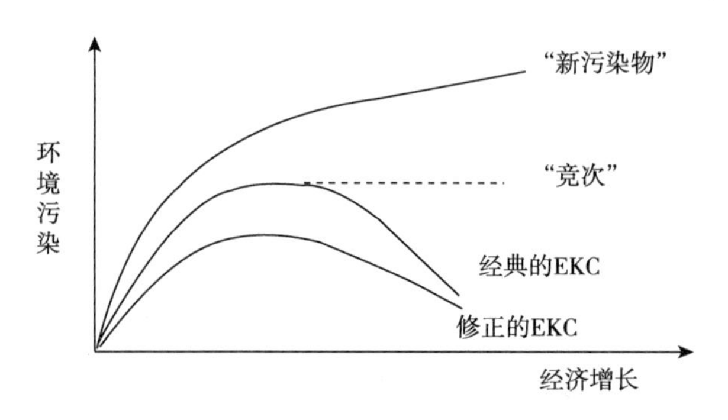

图 2-4　环境库兹涅茨曲线：不同情形

资料来源：A. Kahuthu，“Economic Growth and Environmental Degradation in a Global Context”，*Environment*，*Development and Sustainability*，No. 8，2006。

有学者认为，环境库兹涅茨曲线永远无法达到转折点，因为经济增长能一定程度上减少某些污染物，但是会产生新的污染物（图 2-4 中用“新污染物”表示）。有的学者则认为，EKC 曲线将逐步稳定在高峰期的水平，而不是在下降，由于全球化和全球竞争，推动了“竞次”[①]（图 2-4 中用“竞次”）。在这种情形下，全球经济一体化的日益激烈的市场竞争导致了环境污染稳定在高水平阶段（即所谓的“污染天堂”），这将增加降低环境污染的成本。有的学者进一步提出，无论是区域层次还是国家层次，不断扩大提高的经济效率和经济活动的产出对环境产生着重大影响，但是经济结构的调整、合理的制度安排等因素可以降低典型 EKC 曲线的顶点，就是在经典的 EKC 中形成一条创新隧道，形成修正的 EKC。[②]

现阶段对环境库兹涅茨曲线的探讨有几点应深思。

① 竞次（Race to the bottom）是欧盟环境法的一个重要的概念，这个概念指的是，欧盟要制定管理环境法的原因，是避免各会员国可能为了发展自己的经济，会降低环保要求，而吸引厂商到他们国家投资。所以欧盟为了避免这种现象，欧盟一定要介入，制定最小要求。竞次就是以剥夺本国劳动阶层的各种劳动保障、人为压低他们的工资、放任自然环境的损害为代价以赢得在竞争中的价格优势的一种手段。

② A. Kahuthu，“Economic Growth and Environmental Degradation in a Global Context”，*Environment*，*Development and Sustainability*，No. 8，2006，p. 55-68.

第一，各种研究表明，经济增长和环境质量之间呈现出多种形式，有的呈现倒“U”形状，有的呈现“N”形状，有的一直呈现递增趋势。许多有关环境指标与经济增长的关系研究文献表明，随着人均收入的提高，有些指标得到改善，而有些指标仍在恶化，[①] 此外，西方学者的最新研究已经将经济增长对生态的影响纳入学者的视野，西方学者开始关注经济增长对生物多样性甚至生态系统的影响。我国学者对经济增长给生物多样性、生态系统造成影响的研究还不够，选择什么样的指标来进行研究等问题都值得深入探讨。

第二，目前环境库兹涅茨曲线的探讨主要是实证研究经济增长对环境的影响。李周认为经济的发展与资源利用也应具有库兹涅茨曲线的特征。[②] 即在经济发展的初期，无限制的使用资源，资源将趋于稀缺、破坏、退化，人与自然之间的关系趋于紧张；随着经济的发展，人类将意识到资源的其他功能给人类带来的福利，这种趋势先得到遏制，尔后得以扭转，随着收入差异的不断缩小，人与自然的关系会越来越和谐。我国是发展中国家，我国不仅要发展经济，摆脱贫困，还应保护良好的生态环境，应清醒地认识 EKC 假说产生的“先发展后治理”可能带来的恶果，因为环境、资源的利用都有个阈值，应加强 EKC 假说在自然资源利用中的实证研究，探讨我国经济的发展过程中，自然资源的利用是否也符合 EKC 假说。如果存在倒“U”形曲线，如何建立一条创新隧道，降低 EKC 曲线的峰值；如果没有凸显倒“U”形曲线，更有必要去分析特征曲线产生的原因和研究解决对策，以更好地实现生态系统和经济系统的协调、可持续的运行。

三　经济增长与经济发展

经济发展是指伴随着经济增长而出现的经济结构、社会结构甚至政

---

① Shafik, N., “Economic Development and Environmental Quality: An Econometric Analysis”, *Oxford Economic Papers*, Vol. 46, 1994, p. 757 – 773.

② 李周：《环境与生态经济学研究的进展》，《浙江社会科学》2002 年第 1 期，第 27 ~ 44 页。

治结构的变化，包括投入、产出、分配、消费结构以及文化教育卫生、社会福利、公民参与社会经济发展的程度等多种要素的结构的变化；是指在国民人均收入或国民生产总值持续增长的基础上，不发展状态逐渐转变甚至消失，即公民生活水平低下的状态有所改观，低下的劳动生产率不断提高，沉重的人口压力逐渐在减轻，就业不足的严峻形势在逐渐缓和，农业在国民经济结构中的份额日渐降低。①

发展不仅仅是物质的现实，还应该是精神的某种形态，社会通过发展经济的、社会的和制度层面的综合过程进而获得能够享受良好福利生活的手段。在社会科学家看来，人类既要考虑使这个社会更富有生产力的方式，又要考虑到社会质量的提高，这个社会应该是更富有生产力，且人的发展要重于物的发展。因此，发展就不得不被认定为一个不仅包括经济的增长、不平等差距的缩小和贫困的彻底根除，还要包括国民观念、社会结构甚至国家制度等这些主要要素变动的多元过程。从本质上来看，发展务必体现多元变动的全部内容，经历这种变动后，社会系统就应该面向整个系统内的个人与社会集团的多样性的基本诉求，从而使大众普遍认为原本不令人满意的生活条件已经在精神和物质两个层面向更好一些的生活条件和生活环境转变。② 但是人的需求是动态发展的，衡量发展的标准也会相应发生变化，按照原来评判满足人类物质和精神需求的标准认为人类社会或经济方面某些条件的改善，会因为人类需求的改变，就有可能被认为不是在发展，对当代伴随着发展中国家经济增长而产生的资源、环境问题的批判就是例证。因此，经济发展应是一个多元要素持续变化的动态过程。

经济增长和经济发展在某些情形下交互使用，但是经济发展和经济增长之间存在根本的差别。③ 经济增长指一个国家人均收入或总体收入和产品的增长，如果一个国家生产的商品和提供的服务增加了，不管在

---

① 谭崇台：《发展经济学》，山西出版社，2006，第63～86页。

② 迈克尔·P. 托达罗：《经济发展》，陶文达译，中国经济出版社，1999，第43～65页。

③ 德怀特·H. 波金斯等：《发展经济学》，黄卫平等译，中国人民大学出版社，1996，第7～10页。

什么意义上，都可认为这一增加是经济增长，可见，经济增长蕴涵了经济变量数量的扩张，特别像GDP和GNP度量的人均国民收入和国民收入总量的扩大。经济增长分析的核心内容就是经济变量增长的度量和经济变量之间相互关系的识别。经济发展除了人均收入的提高之外，理论上还应该具有经济结构的根本变动，因此，经济发展不仅仅包含可度量化要素扩张的内容，而且包括诸如组织、制度和文化等非度量化要素发生变动的过程，经济就是在这些非度量化的要素下运作的。按照这个逻辑，经济发展的数量方面就是经济增长，由此可见，研究经济发展不仅要分析经济增长，还要考察组织、制度以及文化等要素对经济增长产生的影响。显然，经济发展和经济增长这两个概念既有联系又存在区别。人类要获得经济发展就不可能、也不能没有经济增长，因为没有经济增长就不可能有发展，所以人类追求可持续发展是不能放弃经济增长的。但是，经济发展的充分条件不是经济增长，一个国家获得经济上的发展并不能一定从经济的增长中得到保证，经济发展比经济增长有更丰富的内涵。[①] 因此，从满足人类需求的视角来看，人类需求永远是经济发展的方向，经济增长则是经济进步的首要的、必要的物质条件，是满足人类不断增长变动的需求的手段，是促进经济发展的基本动力。

第三节　经济发展与产业结构

以张培刚、钱纳里、库兹涅茨等多位代表的发展经济学家从产业结构变动的角度说明经济发展的阶段性、历史性和变化规律，考察产业结构演变的历史规律。这些学者认为经济的发展必然伴随着产业结构的变动，产业结构的变动又将进一步促进经济的总体增长。

张培刚在探讨农业国工业化问题时，认真研究了农业产业和工业产业的相互依存关系及其份额调整和变动问题，认为工业化是众多生产函

① 〔日〕速水佑次郎：《发展经济学：从贫困到富裕》，李周译，社会科学文献出版社，2003，第25～31页。

数发生持续变动的过程，应包括农业产业和工业产业这两个产业生产的机械化和现代化。工业化过程开始后，农业在国民经济中的份额将逐渐降低，即农业在这个国民经济中的相对重要性在下降（农业的扩张率小于工业部门等生产部门，但并不是指农业的绝对生产数量在农业国工业化过程中减少了）。与此同时，以劳动人口和国民收入为指示器的相对重要度将渐趋降低。农业产业在国民经济中的份额的演变说明了在工业化过程中，解释工业化的众多生产函数的演变对于农业生产和工业生产均存在普遍的影响，比较而言，制造工业更能产生和扩充新的产业链。①

库兹涅茨采用归纳法，依据一些国家历史纪录的国民经济体系核算的要素，计量了伴随收入的增长，消费、贸易、生产和其他集成指标的结构性变动，深入探究了人均产值与生产率的高增长率、生产结构的高变动率在人类社会现代历史时期的历史关联度。其研究表明，总体增长的高速度将不可避免地伴随着生产结构的高速变动，反之，科技的广泛应用和生产结构的快速变动对总体增长的进一步的高速度而言也是必要的。因此，经济生产中生产结构的迅速改变以及经济、社会的其他方面的结构的迅速改变，也是总体高速度增长的可能的成本和必要条件。②

钱纳里全面描述了发展中国家经济增长的结构变动及它们之间存在的关联。钱纳里认为因为技术不断进步、人口持续增长和全球收入水平的继续提高以及贸易条件与相应的外部资金供给的不断变动，所以消费需求、技术和贸易这些基本方面都将随着时间的推移而变动。资源配置的过程在国内生产、消费需求、产业部门组成和国际进出口贸易方面将随着收入水平持续提高从而产生系统的、结构性的变动，这些形式的演变是由于收入水平提高后的需求变动影响、要素比例的调整和技术上的变革而诱致的供给影响之间相互交替作用所产生的。人均产值的上升对资源配置的演变产生了直接影响。钱纳里的实证研究结果充分表明，一

① 张培刚：《农业与工业化：农业国工业化问题初探》，华中工学院出版社，1988，第22～28页。

② 〔美〕西蒙·库兹涅茨：《各国的经济增长》，常勋等译，商务印书馆，2005，第323～373页。

个国家的结构随着人均收入的增长，会在消费需求、贸易平衡、生产供给和资源配置结构等方面产生调整、变动，结构调整和转变将有利于经济的发展。[①]

速水佑次郎选择不同收入、不同经济发展形态的国家为研究对象，作了经济增长和产业结构变动的国际比较研究，发现不同收入国家之间的人均收入存在差距。速水佑次郎认为地区之间和收入组之间的经济增长差异的存在和产业结构差异的存在是一致的。在发展中国家，农业份额和工业份额的下降和第三产业部门份额的上升是共象，这些变动符合配第－克拉克法则，在人均收入持续增长的过程中，经济活动重心将实现“第一产业→第二产业→第三产业”的进化。这个变动过程是伴随着“工业品需求→服务需求”的变动过程进行，并通过对产业部门之间资源配置进行市场调节来实现。[②]

这些研究充分表明经济发展也是产业结构调整的过程，这个过程必然引申出一个值得探讨的问题，即伴随着产业发展，资源的变动也应值得关注。在资源匮乏的情况下，经济增长过程中的结构变动对增长是有意义的，总的来说，自然资源数量在一定长的时期来看依然是有限的，而不同产业的特性使得产业发展对资源需求的强度存在差异，在资源存在约束的经济系统里，产业结构的演变可以影响资源的消费、进而影响经济的增长，产业结构的调整是对人类社会需求变动的反映，所以，经济发展了，人类的需求发生变动，产业发展所需的资源也会出现相应的变动。

第四节　经济发展与湖泊湿地资源利用关系研究

湖泊湿地资源的变动既有自然因素也有社会经济因素的作用，地质构造运动和气候变化是自然因素中的主要影响因子：地质构造运动是导

---

① 〔美〕霍利斯·钱纳里、莫伊思·赛尔昆：《发展的型式》，李新华等译，经济科学出版社，1988，第147～151页。

② 〔日〕速水佑次郎：《发展经济学：从贫困到富裕》，李周译，社会科学文献出版社，2003，第25～31页。

致湖泊湿地缩减、生态系统退化的最主要的内动力影响因子，而气候变化则是湖泊湿地缩减、生态系统退化的主要外动力影响因子。新的地质构造运动会使得湖泊湿地所在区域地质构造发生变动，从而导致湖泊湿地的总体地下水位下降，接着出现地下水水量趋于减少、部分地表水露头出现消失、甚至干涸的态势。这使得研究区域湖泊湿地的水源供给系统遭受损坏，直接导致湖泊湿地的地表积水面积缩减，进而呈现出湖泊湿地萎缩的态势。气候因子的变化也可以深刻影响湖泊湿地生态系统的结构和功能，[①] 这主要体现在温度和降水的变动上：温度升高，区域空间内的“温室效应”将会增大湖泊湿地的蒸发数量；降水呈现减少状态，尤其是在降水量明显小于蒸发量的气候状态时，这将使得湖泊湿地处于低湿环境状态中，进而直接减少了湖泊湿地的水源供给能力，最终导致湖泊湿地水域面积的缩减。[②] 但是在相对较短的时期内，人类社会经济活动对湖泊湿地资源的数量和质量会产生影响，对湖泊湿地资源变动起着主导性作用的是满足人类不断增长的需求的人类社会经济活动。

国内外学者对经济发展和湖泊湿地资源利用的关系进行了多角度的研究、探索，其主要结论是：①湖泊湿地资源变动与人类社会经济发展密切相关，随着经济的发展，湖泊湿地资源利用的效率就会越高，人类不仅关注湖泊湿地资源的直接消费价值，还开始关注湖泊湿地生态系统的生态功能服务效益价值。②研究的方法和研究的结果存在差异，但是国内外学者总体上认为影响湖泊湿地资源利用的社会经济因素可以归结为人口、经济发展、技术与制度等方面。人口的增长与经济的增长给湖泊湿地生态系统带来持久、恒定的压力，当湖泊湿地不能依靠自然力来满足人口的持续增长与经济的快速增长对湖泊湿地资源的需求时，一方

---

① 李翠菊、车懿：《南方丘陵区土地整理过程中的水土流失问题及应对措施——以湖北省红安县红华土地整理项目为例》，《甘肃农业》2006 年第 4 期，第 115 ~ 116 页。

② 沈松平、王军、杨铭军：《若尔盖高原沼泽湿地萎缩退化要因初探》，《四川地质学报》2003 年第 2 期，第 123 ~ 125 页。

李玲玲、宫辉力、赵文吉：《1996 ~ 2006 年北京湿地面积变化信息提取与驱动因子分析》，《首都师范大学学报（自然科学版）》2008 年第 3 期，第 95 ~ 100 页。

面可以通过制度调节人的行为方式，减轻湖泊湿地资源的压力；另一方面可以通过技术的改进从而提高人类对湖泊湿地资源的持续利用。

人口的持续增长是湖泊湿地利用的根本动因。[①] 人口持续不断的增长导致对湖泊湿地资源的直接和间接消耗因维持生计而增加，满足人类最基本生存需要的直接消耗包括可采集利用的湖泊湿地生物资源，如水产品的捕捞和水生植物的采集；间接消耗则是指湿地水资源向土壤资源转化、进而向农业用地等用地类型的转化等。人口的压力会导致湿地资源趋向恶性变动，[②] 江汉平原湖泊湿地和江苏省湖泊湿地的研究结论证明了这个观点，人为因素在湖泊湿地资源减少甚至退化的过程中则起到了重要的作用，尤其是农业生产的发展过程中，人口的压力加大了围湖垦殖利用的强度，[③] 这是世界现象，1954～1974 年间美国湿地的损失也与人口的增长密切相关。[④]

经济快速发展是湖泊湿地资源利用的主要原因。湿地研究者认为全球湿地损失的主因是将湿地转化为农业用地，对美国湿地时间序列回归分析表明，在美国，湿地排水转化成农业用地，从 1900 年起，以每年 49 万亩的速度进行，沿着美国国家的海岸线，尤其是美国东西海岸，另一个导致湿地损失的主要因素是基于都市和工业发展的湿地排水和湿地填埋。另外，湿地的保护能为社会提供利益，但是这些利益都是很难测量

---

① 张明祥、张建军：《中国国际重要湿地监测的指标与方法》，《湿地科学》2007 年第 1 期，第 1～6 页。
王苏民、苏守德：《合理开发利用湖泊资源》，《中国科学院院》1997 年第 1 期，第 41～44 页。
许秋瑾、金相灿、颜昌宙：《中国湖泊水生植被退化现状与对策》，《生态环境》2006 年第 5 期，第 1126～1130 页。

② 崔保山：《湿地生态系统生态特征变化及其可持续性问题》，《生态学杂志》1999 年第 2 期，第 43～49 页。

③ 金卫斌、刘章勇：《围湖垦殖对湖泊调蓄功能的累加效应分析》，《长江流域资源与环境》2003 年第 1 期，第 74～77 页。
杨秀春、朱晓华、黄家柱、谢志仁：《江苏省湿地资源现状及其可持续利用研究》，《经济地理》2004 年第 1 期，第 81～84 页。

④ Gosselink, J. G, Maltby, E., "Wetland Losses and Gains", M. Williams ed., *Wetlands: a Threatened Landscape*, Basil Blackwell, Oxford, UK, 1990, p. 296－322.

的，这就难以与传统的政策制定程序整合。在发展中国家，经济增长对于东亚、东南亚、南美、中美洲和其他地区的生活质量和人口稳定增长作出了贡献，然而，经济增长也给社会经济长期可持续发展所依赖的自然资源造成持续的压力。这种增长通常是建立在为了少数集团短期的经济利益而使自然生态系统的发生转化之上，这不仅导致多样性的损失，对于当地居民也是机会损失。湖泊湿地面对人口的增长、经济发展的投资显得特别脆弱，随着人口增长，湖泊湿地将面临更大的压力，诸如都市、工业和农业对其的使用。各个国家、地区特定的社会经济发展水平决定着人类开发利用湿地资源的方式和程度，从农业社会的湿地土壤向耕地转化使用，到工业化社会后对湿地水资源的环境功能的利用，经济发展水平是决定因素。[①] 区域社会经济的发展会诱致湖泊湿地资源变动，围垦改变水生植物的分布促使鱼类生存空间的萎缩，经济发展产生的污染物诱致的水体富营养化问题导致湖泊湿地水质型短缺。但是随着社会经济的发展，人类对湖泊湿地资源利用的认识将形成“资源型→资源环境型→功能型”的转变。[②] 淡水湖泊湿地周边地区经济发展也是湖泊湿地水面、水质演变的主要影响因素，[③] 对艾比湖和洞庭湖水面变动所采用的遥感与地理信息系统技术研究发现，围湖垦殖使得湖泊湿地面积逐年减小[④]，环湖地区的城市化加重了湖泊湿地的环境压力[⑤]，产业结构偏

---

① Dugan, P. J., *Wetland Conservation: A Review of Current Issues and Required Action*, IUCN, 1990, p. 96.

② 窦鸿身、姜加虎、黄群：《湖泊资源特征及与其功能的关系分析》，《自然资源学报》2004年第3期，第386～390页。

③ 王丽学、李学森、窦孝鹏、刘冀、石志强：《湿地保护的意义及我国湿地退化的原因与对策》，《中国水土保持》2003年第7期，第8～9页。

宁淼、叶文虎：《我国淡水湖泊的水环境安全及其保障对策研究》，《北京大学学报（自然科学版）》，2009年第1期，第63～69页。

刘红玉、赵志春、吕宪国：《中国湿地资源及其保护研究》，《资源科学》1999年第11期，第34～99页。

④ 周驰、何隆华、杨娜：《人类活动和气候变化对艾比湖湖泊面积的影响》，《海洋地质与第四纪地质》2010年第2期，第121～126页。

黄进良：《洞庭湖湿地的面积变化与演替》，《地理研究》1999年第3期，第297～303页。

⑤ 庄大昌、丁登山、董明辉：《洞庭湖湿地资源退化的生态经济损益评估》，《地理科学》2003年第6期，第536～542页。

重，也造成湖泊环境超载。[①] 在湿地开发、利用的过程中，必须调整经济结构，在发展经济的同时，实现保护生态环境、维护湿地生态系统稳定的可持续发展目标，因为脆弱的湿地生态系统不利于经济的持续增长。[②] 产业结构的调整和湖泊湿地的保护有效地整合，尤其是发展具有特色的湿地产业，可以有效地实现湖泊湿地资源的可持续开发。[③] 太湖湿地是长江三角洲的重要湿地，国内学者对经济发展过程中太湖湿地演变的研究也发现湿地流域社会经济活动对整个湖泊湿地的生态系统产生了影响。[④] 太湖水环境演化基本上是以20世纪80年代为一转折点，太湖湿地水质大约每10年降低一个等级，富营养化程度在1980～1995年这15年里上升了一个等级，[⑤] 太湖湿地营养状态的演变就是太湖湿地周边地区经济增长的衍生物，太湖湿地周边地区经济的每次飞跃都伴随着湿地水体水质级别的上升。[⑥] 太湖湿地富营养化不仅对太湖渔获物构成影响，还加剧了养殖区域内水质恶化的环境负效应。[⑦] 东太湖湿地水体营养状态的“中－富营养型→富营养型”的演变就是例证。[⑧] 太湖湿地水

---

① 张利民、夏明芳、王春、张磊、陆继来：《江苏省12大湖泊水环境现状与污染控制建议》，《环境监测管理与技术》2008年第2期，第46～50页。

② 陆维研、金陈刚：《关于湿地生态系统与经济协调发展的研究》，《安徽农业科学》2006年第20期，第5356～5357页。

③ 李景保、朱翔、蔡炳华、李晖：《洞庭湖区湿地资源可持续利用途径研究》，《自然资源学报》2002年第3期，第387～392页。

④ 刘庄、郑刚、张永春：《社会经济活动对太湖流域的生态影响分析》，《生态与农村环境学报》2009年第1期，第27～31页。

⑤ 范成新：《太湖水体生态环境历史演变》，《湖泊科学》1996年第4期，第297～303页。

⑥ 成小英、李世杰：《长江中下游典型湖泊富营养化演变过程及其特征分析》，《科学通报》2006年第7期，第848～855页。

⑦ 杨清心、李文朝：《东太湖围网养鱼后生态环境的演变》，《中国环境科学》1996年第2期，第101～106页。

何俊、谷孝鸿、白秀玲：《太湖渔业产量和结构变化及其对水环境的影响》，《海洋湖沼通报》2009年第2期，第143～149页。

秦伯强、吴庆农、高俊峰等：《太湖地区的水资源与水环境——问题、原因与管理》，《自然资源学报》2002年第2期，第221～228页。

⑧ 谷孝鸿、王晓蓉、胡维平：《东太湖渔业发展对水环境的影响及其生态对策》，《上海环境科学》2003年第10期，第702～711页。

面面积减少的主要影响因子也是人类对太湖湿地的围垦利用,[①] 这会改变湖泊湿地的水量，降低湖泊湿地容积。[②] 而在经济发展过程中，居民生活水平的提高所引致的对太湖湿地入湖径流水量的截取和使用强化了湖泊湿地水量的变化。[③] 此外，环太湖湿地周边地区农业非点源污染和生活污染持续加剧也加重了太湖湿地的环境压力。[④] 太湖湿地污染物的增加，严重影响了生态系统，1995 年以来总氮对太湖周边地区造成的损失是 1987 年的 4 倍。[⑤] 湖泊湿地环境这些变动态势充分表明：湖泊湿地周边区域经济的高速发展对湖泊湿地产生了负面环境效应，经济发展对湖泊湿地造成了破坏，而经济持续增长刺激了更高水平下人类对湖泊湿地资源的需求。

技术进步首先满足了利用湿地资源的需求，然后又使开发替代资源和可持续的利用湿地资源成为可能。但是，技术总是为了解决社会经济发展中面临的问题而实现进步，所以技术进步滞后于所要解决的社会问题，人类对湖泊湿地资源的利用就可能会使湖泊湿地资源向恶性方向变动。在欧洲，有很多因素促使欧洲湿地资源出现衰竭的趋势，比如，科学技术信息的缺失，不完整的计划系统等。[⑥] 一国农业政策的传统目标包括提高谷物和牲畜产量以及农民的福利，同时也导致了土地的密集使用，包括湿地的持续排水。来自于湿地排水的潜在利益能使土地使用的其他类型更易显现，并能用经济学的方法测算，而湿地维护的功能和利

---

① 李新国、江南、朱晓华、周纪、吕恒：《近三十年来太湖流域主要湖泊的水域变化研究》，《海洋湖沼通报》2006 年第 4 期，第 17 ~ 23 页。

② 白丽、张奇、李相虎：《湖泊水量变化关键影响因子研究综述》，《水电能源科学》2010 年第 3 期，第 30 ~ 34 页。

③ 靳晓莉、高俊峰、赵广举：《太湖流域近 20 年社会经济发展对水环境影响及发展趋势》，《长江流域资源与环境》2006 年第 3 期，第 298 ~ 302 页。

④ 李荣刚、夏源陵、吴安之、钱一声：《江苏太湖地区水污染物及其向水体的排放量》，《湖泊科学》2000 年第 2 期，第 147 ~ 153 页。

⑤ 吕耀、程序：《太湖地区农田氮素非点源污染及环境经济分析》，《上海环境科学》2000 年第 4 期，第 143 ~ 146 页。

⑥ Dugan, P. J., *Wetland Conservation: A Review of Current Issues and Required Action*, IUCN, 1990, p. 96.

益却是最近才被认识，并很难测量。也就是说，对湿地价值的全面认识的缺失是湿地损失最为重要的因素，湿地提供的利益的价值和湿地损失的社会经济影响必须被量化。这需要生物学家、水文学家提供生物和自然科学的分析方法，这样，社会学家和经济学家才能决定其社会价值。发展的目标应是可持续的，经济增长必须建立在湿地资源使用的可持续系统上。[①]

人类活动既能破坏湿地，也可以保护、可持续地利用湿地，人类活动总是在特定的社会经济环境下和一定的制度框架中进行，受到制度的约束和激励。Maltby 提出担保、贷款、补贴、价格支持和税收刺激都是导致湿地退化和湿地损失的机制。尽管欧洲国家试图协调发展和湿地资源可持续利用的关系，政策之间的冲突仍然在各个层面上展开。[②] Dugan 认为湿地保护的成本效益分配机制不合理、政策冲突和机构的缺陷也是促使欧洲湿地资源出现衰竭甚至消亡的因素。尤其是湿地利益合理分配机制的缺失会导致湿地利用的成本和利益的不平衡，从而导致湿地损失。例如，投资于农业发展的湿地排水项目的农民可获得经济利益，然而，该项目的环境成本却是由其他没有决定权的群体共同分担。[③] 湿地资源的许多功能在市场配置资源的体系中缺失，这使之不能进行市场交易，湿地资源的市场价格就不可能真实地反映其价值，这必然会出现在湿地资源开发利用过程中的湿地资源低效率的市场配置。政府的行为也有可能加剧湿地资源的缺乏效率和不公平的配置。因为某些政府政策，虽然与湿地保护无关，但往往比湿地管理的政策对湿地生态系统的影响更大，例如，对新耕地开垦的补贴及土地经营上的优惠措施就刺激了对湿地的

---

① D. A. Young, "Wetlands are not Wastelands: A Study of Functions and Evaluation of Canadian Wetlands", William J Mitsch, *Global Wetlands: Old World and New*, Elsevier Science B. V. 1994.

② E. Maltby, D. V. Hogan, C. P. Immirze, J. H. Tellam and M. J. Van der peijl, *Building a New Approach to the Investigation and Assessment of Wetland Ecosystem Functioning*, IUCN, 1994, p. 640.

③ Dugan, P. J, "Wetland Conservation: A Review of Current Issues and Required Action", IUCN, 1990, p. 96.

围垦利用。[①] 对武汉市湖泊湿地的研究实证了一定的经济发展水平下的制度安排是协调湿地资源持续利用与经济增长关系的关键。[②] 合理地利用湖泊湿地资源就不能不考虑适当的制度安排，这是实现湖泊湿地水资源持续利用和水环境良性演变的必然选择。[③] 而恰当的产业结构调整政策以及政府管制行为可以转变粗放的工业经济增长模式，一定程度上控制了工业废水的排放。[④] 太湖湿地水环境演变的研究成果表明，太湖湿地水环境演变与人类活动耦合，经历了“干预→干预 - 弱制约→干预→制约→干预 - 强制约”阶段演变。可见，经济发展不仅是经济的增长，伴随着经济增长将出现经济结构、社会结构乃至政治结构的变化，因此，经济发展过程就必然是影响湖泊湿地资源利用的社会经济因素综合作用的过程。[⑤]

国内外学者从生态学、经济学角度分析湖泊湿地资源利用和经济发展的关系，已经认识到经济发展对湖泊湿地资源利用的影响，影响湖泊湿地资源变动的社会经济因素都与人类活动相关，大量的人类活动是湖泊湿地变动甚至损失的根源。同时也认识到经济增长的成果可以缓解发展的负面影响，社会可以摆脱环境难题，从长期来看，改善环境的最好方式是致富。这就要从社会经济因素这个角度，加强未来社会经济增长与人口数量变化的研究以及不同经济发展阶段和人口数量对于湖泊湿地

---

① 邓培雁、刘威、曾宝强：《湿地退化的外部性成因及其生态补偿建议》，《生态经济》2009年第3期，第148～155页。

② 刘耀彬、陈红梅：《武汉市主城区湖泊发展的历史演变、问题及保护建议》，《湖北大学学报（自然科学版）》2003年第2期，第163～167页。
熊飞：《武汉市湿地主要环境问题及保护对策》，《安徽农业科学》2009年第9期，第4189～4190页。

③ 胡元林、赵光洲：《高原湖泊湖区可持续发展判定条件与对策研究》，《经济问题探索》2008年第8期，第88～91页。

④ 谢红彬、陈雯：《太湖流域制造业结构变化对水环境演变的影响分析——以苏锡常地区为例》，《湖泊科学》2002年第3期，第53～58页。
关劲峤、黄贤金、刘红明、刘晓磊、陈雯：《太湖流域水环境变化的货币化成本及环境治理政策实施效果分析——以江苏省为例》，《湖泊科学》2003年第3期，第275～279页。

⑤ 谢红彬、虞孝感、张运林：《太湖流域水环境演变与人类活动耦合关系》，《长江流域资源与环境》2001年第5期，第393～399页。

资源利用影响的研究，协调湖泊湿地资源利用与经济增长关系以走向可持续发展。

一些学者的研究还表明自然科学与社会科学相结合研究湖泊湿地资源变动与社会经济发展关系是发展趋势，自然科学技术的发展能为湖泊湿地的社会科学研究提供技术支撑，因此，结合各个学科知识、系统研究社会经济发展与人口数量的变化以及不同经济发展水平和人口数量变动对于湿地的资源、生态、环境容量的影响应是湖泊湿地资源可持续利用的重要内容，尤其是在探讨经济增长对生物多样性的影响方面。

当前的研究成果也表明，国内外学者主要是从湖泊湿地的水域面积、水量和水环境质量三个维度去考察湖泊湿地资源的变化，而且更多的是从湿地退化这个角度去思考问题，即考虑的是人类社会发展过程中，人类对湖泊湿地资源过度地、不合理地利用而造成的湖泊湿地生态系统结构被破坏、功能衰退、生物多样性减少、生物生产力下降以及湖泊湿地生产潜力衰退、湿地资源逐渐丧失等一系列生态环境恶化的现象。可见，在现有研究经济发展和湖泊湿地资源利用关系的文献中，“湿地退化”是分析经济发展过程中湿地资源利用的关键概念。事实上，用“湿地退化”这个传统观点去看待人类历史上对湿地资源的利用并不是客观的。人类并没有盲目破坏湖泊湿地的嗜好，每个时期的湖泊湿地资源利用方式是特定时期的人类对湿地资源进行配置的结果，都是特定时期的人类根据当时人们能够获取、运用的知识、经验、技术、能力和信息，做出的能使人类自身比较利益最大化的选择，[①] 也就是说，湖泊湿地的资源变动的特征表明，在不同地域、不同时期应存在不同形态的湿地资源配置，人类对湖泊湿地的利用必然使得湖泊湿地资源呈现不同的资源特征，每个时期的湿地资源配置利用方式都是人类基于比较优势做出的理性选择，这个观点应是客观、理性的分析经济发展与湖泊湿地利用关系的指导思想。

资源、环境、生态与可持续发展成为 21 世纪科学研究的重点。当

① 李周：《中国天然林保护的理论与政策探讨》，中国社会科学出版社，2004，第 105 页。

前，我国提出走可持续发展道路，因此不能从一个孤立、封闭的经济系统内部去探讨经济发展问题，应充分考虑资源、环境与生态的约束，应追求经济、社会与生态的协调发展。由于湿地学是一门自身科学体系尚待完善的学科，作为其分支学科“湿地资源学”尚未形成其完整的学科体系，湖泊湿地资源特征复杂，因此，与一般资源、环境、生态与经济发展关系研究相比，湖泊湿地利用与经济发展关系之间存在特殊性，随着我国对湖泊湿地保护的重视，湖泊湿地资源利用与经济增长关系还受到政策因素的影响，因此，我国对经济发展过程中的湖泊湿地资源利用研究还有待深入。本书将在已有研究的基础上，以湖泊湿地为研究对象，描述经济发展与湖泊湿地资源利用的关系，以经济发展过程中的湿地资源利用为目标进行深入研究，以期推动相关理论和现实问题的解决，为湿地资源学科和发展经济学的丰富作出贡献。

第五节　湖泊湿地利用与生态系统服务

一　生态系统服务价值评价与可持续利用

当人类认识到生态系统功能对人类福祉的重要性时，人类开始重视对生态系统服务功能的研究。经过众多学者的努力，人类对生态系统服务功能的定义、内涵有了初步的确定，对生态系统服务价值的分类及其经济评价方法也进行了研究，并取得一定的成果。[①] 自然环境资源是复杂、多功能的，各类生态系统提供的商品和服务如何影响着人类的福利并不是很清晰的，生态系统服务的价值评估可以明晰生态系统为人类提供的福祉，可以准确地说明生态系统各种具有竞争性使用特征的资源的整体经济效益，价值评估就是关注如何有效地实现资源配置，最终提高

---

① 谢高地、鲁春霞、成升魁：《全球生态系统服务价值评估研究进展》，《资源科学》2001 年第 6 期，第 5 ~ 9 页。
欧阳志云、王如松、赵景柱：《生态系统服务功能及其生态经济价值评价》，《应用生态学报》1999 年第 5 期，第 635 ~ 640 页。

人类福利。生态系统服务的价值评估是生态系统服务功能研究的重要内容，随着生态系统研究的深入，生态系统服务价值评估开始向不同类型的生态系统伸展，并具有了空间异质性特征，不仅仅关注国家层面的生态系统服务价值评估，区域层次的生态系统也成为研究的重点。湖泊湿地是具有高度生产力的生态系统，提供了大量的对人类非常有价值的商品和服务。湖泊湿地生态系统为人类社会提供的福利由于湖泊湿地开放式进入的性质和公共资源的特征经常导致在制定湖泊湿地使用和保护的政策过程中被低估。随着人类对湖泊湿地资源不断增长的需求，湖泊湿地生态系统服务价值评估成为科学家研究的重点，因为随着湖泊湿地周边区域经济迅速发展，由经济快速增长带来的财政收入的增加，又提高了政府对受湖泊湿地资源利用影响的社区居民给予补偿的能力，湖泊湿地周边地区的居民对湖泊湿地的生态消费的愿望也日益增加，湖泊湿地可持续利用日益得到重视，并获得财政支持。人类认识到，对湖泊湿地的开发利用无须以湖泊湿地资源和生态服务功能的丧失为代价，要基于湖泊湿地生态结构和生态功能维系的基础上进行有效的利用，最大可能地发挥湖泊湿地的生态环境、社会和经济效益，现阶段还没有更好的使用方法进行资源开发，或者是采用教育、休憩等利用方式比直接的渔业等生物资源采集更有意义。正确的分析湖泊湿地生态系统服务功能价值类型和选择合适的经济评价方法，从而准确评价湖泊湿地生态系统服务功能价值就是采用适当利用方式实现最有效的、可持续的利用湖泊湿地资源的前提。

二 湖泊湿地生态系统服务功能价值分类

国内外许多研究者深入研究了湖泊湿地生态系统功能及其经济价值。巴比亚（Barbier）认为湿地的间接使用、直接使用和非使用价值是与特定的湿地系统的生态特征和经济特征紧密相连的，对湿地生态系统特征的评价就是湿地评估的核心。① 巴比亚在湿地研究中提出，湖泊湿地的

① Edward B Barbier, Mike Acreman, Duncan Knowler, *Economic Valuation of Wetlands: A Guide for Policy Makers and Plaaners*, IUCN, 1997, p. 78.

直接使用可以划分为涉及资源的消费使用（工农业产业水资源利用、渔业）和湿地服务的非消费使用（休憩、教育、旅游）。湖泊湿地的直接使用既包括商业活动（渔业生产），也可以包含非商业活动（休憩、教育、旅游等），非商业活动的某些内容对当地居民的基本需求可能是非常必要的（当然，当地居民已经具有一定的消费能力）。显而易见，湖泊湿地的商业化产品的评价相对于非市场化的基本的直接使用的评价更为容易。这就是为何在我国的政策制定过程中，对湖泊湿地的基本的和非正式的使用缺乏系统、充分考虑的根源。巴比亚认为，湖泊湿地系统总的经济价值包括三种类型的价值：利用价值〔直接利用和间接利用价值（非直接使用价值）〕、存在价值和选择价值。湖泊湿地的生态功能有着极为重要的间接利用价值，这些间接利用价值从能够直接衡量的经济活动中脱离出来。比如湖泊湿地的水资源更新功能，通过湖泊湿地水生态系统循环功能引致的水资源更新，可以为居民供给新鲜水资源，这就是间接利用价值（非直接使用价值）。湖泊湿地环境功能的间接利用价值（非直接使用价值）的贡献是没有商业化的，并没有和人类的经济活动产生直接联系，这些间接利用的经济价值是很明显的，却又是很难估量的。选择价值是和利用价值紧密相连的。一个湖泊湿地的环境功能将随着时间延续以及经济的发展变得日益重要，因为湖泊湿地系统的资源现在没有被充分利用，但其价值将在未来某个时期会在科学研究、文化教育、商业活动或其他类型的经济活动中得到体现。遗产价值是选择价值的一个特殊分类，是对湖泊湿地进行保护以供应给未来一代。要评价与湖泊湿地的将来使用相联系的选择价值甚至遗产价值是存在困难的，这涉及将来的收入、行为以及技术的可行性。

三　湖泊湿地生态系统服务功能价值评价

国外学者不仅对湖泊湿地水资源供给等市场商品和服务进行经济评价，还对湖泊湿地生态系统诸如生物多样性等非市场化的商品和服务价值进行评估。[1] 大量的价值评价方法被用于湖泊湿地生态系统服务价值评估的实证分析中，比如条件价值评价法[2]、享乐价值法[3]、旅行费用法[4]、净要素收入法[5]、生产函数法[6]、总收入估计法[7]、机会成本法[8]、

---

① Bouwes, N. W., Schneider, R., "Procedures in Estimating Benefits of Water Quality Change", *American journal of Agricultural Economics*, No. 8, 1979, p. 535 - 539.

Burt, O. R., "Brewer: Estimation of Net Social Benefits from Outdoor Recreation", in *Econometrica*, Vol. 39, No. 5, 1971, p. 813 - 827.

Ribaudo, M. O., Epp, D. J., "The Importance of Sample Determination in Using the Travel Cost Method to Estimate the Benefits of Improved Water Quality", *Land Economics*, Vol. 60, No. 4, 1984, p. 397 ~ 403.

Carpenter, S. R., Ludwig, D., Brock, W. A., "Management of Eutrophication for Lakes Subject to Potentially Irreversible Change", *Ecological Application*, Vol. 9, No. 3, 1999, p. 751 - 771.

Gleick, P. H, *Water in Crisis: A Guide to the World's Freshwater Resource*, Oxford University Press, 1993.

Postel, S. L., S. R. Carpenter, *Freshwater Ecosystem Services in G. Daily Nature's Services*, Island Press, 1997, p. 195 - 214.

Naiman, R. J., J. J. Magnuson, D. M. Mcknight, J. A. Stanford, *The Freshwater Imperative*, Island Press, 1995.

② Farber, S., "Non - user's WTP for a National Park: An Application and Critique of the Contingent Valuation Method", *Regional Studies*, No. 31, 1988, p. 571 - 582.

Bateman, I., Langford, I. H., "Non - Users Willingness to Pay for a National Park: An Application of the Contingent Valuation Method", *Regional Studies*, No. 31, 1997, p. 571 - 582.

③ Doss, C. R., "Taff, S. J., The Influence of Wetland Type and Wetland Proximity on Residential Property Values", *Journal of Agricultural and Resource Economics*, No. 21, 1996, p. 120 - 129.

④ Cooper, J., Loomis, J., "Testing whether Waterfowl Hunting Benefits Increase with Greater Water Deliveries to Wetlands", *Environmental and Resource Economics*, No. 3, 1993, p. 545 - 561.

⑤ Amacher, G. S., Brazee, R. J., Bulkley, J. W., Moll, R. A., *Application of Wetland Valuation Techniques: Examples from Great Lakes Coastal Wetlands*, Ann Arbor, MI: University of Michigan, School of Natural Resources, 1989.

⑥ Acharya, G., Barbier, E. B., "Valuing Ground Water Recharge through Agricultural Production in the Hadejia - Nguru Wetlands in Northern Nigeria", *Agricultural Economics*, No. 22, 2000, p. 247 - 259.

⑦ Costanza, R., Farber, S. C., Maxwell, J., "Valuation and Management of Wetland Ecosystems", *Ecological Economics*, No. 1, 1989, p. 335 - 361.

⑧ Sathirathai, S., Barbier, E. B., "Valuing Mangrove Conservation in Southern Thailand", *Contemporary Economic Policy*, No. 19, 2001, p. 109 - 122.

重置成本法[①]。这些方法的适用很大程度上取决于被评价的湿地的生态系统服务与价值的类型。国外的研究表明，科学家们采用了不同方法对不同类型的湖泊湿地生态系统价值进行实证研究，对湖泊湿地生态系统服务的定量评估方法还需要从社会科学和自然科学得到技术支持，定量评估方法还在发展，有些方法还不是非常严谨，仍存在争议。

国内学者对湖泊湿地的生态价值评价进行了深入的研究，欧阳志云等从水生态系统这个角度将湖泊湿地生态系统服务功能分为：产品提供、调节功能、文化功能以及生命支持功能，建立了洪水调蓄、河道疏通、水量蓄积、土壤保持、水环境净化、固碳、生境提供、休憩共计 8 项功能构成的水生态系统非直接使用价值评价的指标体系，对东部地区的湖泊湿地生态系统进行价值评估，该研究认为湖泊湿地生态系统的间接价值显著高于直接使用价值。[②] 对于湖泊湿地生态系统服务价值的实证研究表明，湖泊湿地具有直接使用价值的产品功能和非直接使用价值的支持功能，各类价值比较中非使用类价值量最大，其次是间接价值、直接价值，湿地的生物资源价值并不是湿地生态系统服务价值的主要组成部分，湖泊湿地的调蓄洪水功能、涵养水源、缓减水土流失、固碳释氧功能、水质净化功能和生境都具有价值，调蓄功能和水质净化功能等非直接使用价值对湖泊湿地生态系统服务功能具有重要贡献，而水资源的匮

---

① Breaux, A., Farber, S. C., Day, J., "Using Natural Coastal Wetlands Systems for Wastewater Treatment: An Economic Benefit Analysis", *Journal of Environmental Management*, No. 44, 1995, p. 285 - 291.
Emerton, L., Kekulandala, B., *Assessment of the Economic Value of Muthurajawela Wetland*, IUCN - The World Conservation Union, Sri Lanka Country Office, 2002.

② 欧阳志云、赵同谦、王效科、苗鸿：《水生态服务功能分析及其间接价值评价》，《生态学报》2004 年第 10 期。

乏是重要的制约因素①，此外，湿地面积的减少是湖泊湿地生态系统服务功能趋向弱化的主要影响因子。② 国内学者还通过对具有生态学知识背景的专家进行问卷调查，得出较为适合中国生态系统状况评价的生态系统服务评价的单价体系。③ 针对不同区域湿地效益的经济评价体系的研究也有成果。④

国内对湖泊湿地生态系统服务价值评估的实证研究表明，国内学者对湖泊湿地生态系统服务价值评价的研究日趋成熟，自然科学和社会科学相结合进行实证分析是主要发展趋势，湖泊湿地面积是对湖泊湿地生态系统服务进行货币化估量的重要计算基础，Costanza 的单位面积法在衡量湖泊湿地生态功能中具有重要贡献。但是，完全以 Costanza 的生态服务价格表作为参照系进行国内湖泊湿地生态系统服务功能的评价并不很合理，因为 Costanza 的生态服务价格表是建立在发达国家的生态系统服务状况之上的，并不完全符合中国，而且其单一的价格体系掩盖了生态系统的空间差异性，即使是在湖泊湿地领域的研究，我国的湖泊湿地也存有东部湿润区湖泊湿地、西北干旱区湖泊湿地等

---

① 胡金杰、蔡守华：《基于 C－D 生产函数的太湖生态系统供水服务价值评估》，《水利经济》2009 年第 4 期，第 26～28 页。
张修峰、刘正文、谢贻发、陈光荣：《城市湖泊退化过程中水生态系统服务功能价值演变评估——以肇庆仙女湖为例》，《生态学报》2007 年第 6 期，第 2349～2354 页。
庄大昌、丁登山、董明辉：《洞庭湖湿地资源退化的生态经济损益评估》，《地理科学》2003 年第 6 期，第 680～684 页。
郝伟罡、李畅游、魏永富、张生：《干旱区草型湖泊湿地价值量化评估》，《中国水利水电科学研究院学报》2007 年第 4 期，第 274～280 页。
段晓男、王效科、欧阳志云：《乌梁素海湿地生态系统服务功能及价值评估》，《资源科学》2005 年第 2 期，第 110～114 页。
崔丽娟：《鄱阳湖湿地生态系统服务功能价值评估研究》，《生态学杂志》2004 年第 4 期，第 47～51 页。

② 陈克龙、李双成、周巧富、朵海瑞、陈琼：《近 25 年来青海湖流域景观结构动态变化及其对生态系统服务功能的影响》，《资源科学》2008 年第 2 期，第 274～280 页。

③ 谢高地、甄霖、鲁春霞、肖玉、陈操：《一个基于专家知识的生态系统服务价值化方法》，《自然资源学报》2008 年第 9 期，第 912～919 页。

④ 崔保山、杨志峰：《吉林省典型湿地资源效益评价研究》，《资源科学》2001 年第 5 期，第 55～61 页。
崔丽娟：《扎龙湿地价值货币化评价》，《自然资源学报》2002 年第 4 期，第 451～456 页。

多种类型，不同类型的湖泊湿地受气候等自然因素的影响显然是存在差异性的。国内对湖泊湿地生态系统服务功能的价值评估研究还有一个值得深入探究的问题，那就是不仅要比较同一时期湖泊湿地不同价值类型的经济价值，还要解决如何对不同时期的湖泊湿地生态系统功能的价值进行纵向比较的问题。

第三章　太湖湿地利用与经济发展

第一节　太湖湿地的形成与演化

太湖湿地古时被称为"震泽"、"具区"，还称为"笠泽"、"五湖"，位于长江三角洲，介于北纬30°55′42″至北纬31°33′50″、东经119°53′45″至东经120°36′15″之间，地跨江苏、浙江两省，太湖湿地为中国著名的淡水湖泊湿地。

太湖湿地的形成及其演变，长期以来一直是国内外学者关注的重点，许多学者从不同角度、采用不同方法对此进行了深入的研究，形成了多种观点。[①] 中国科学院南京地理和湖泊研究所经过调查研究，认为太湖湿地是在内陆断裂沉降下陷基础上的海湾，经过长期地质作用而发展成的一个大范围浅水泻湖型的淡水湖泊湿地，太湖湿地的形成具有明显的"构造断陷沉降→海湾阶段→堰塞泻湖→成湖阶段"过程特征。[②] 太湖湿地形成的雏形阶段，燕山运动断裂变动使得太湖断裂沉降下陷形成太湖湿地的原始湖盆。太湖湿地形成的海湾阶段，太湖区域凹陷地带就处于泻湖和海湾的不断更替中。太湖湿地的泻湖形成阶段，在太湖湿地湖盆向海湾演化的过程中，长江河口地形的发育和加之后来长江流域气候日

---

① 倪勇：《太湖鱼类志》，上海科学技术出版社，2005，第1～2页。

② 中国科学院南京地理与湖泊研究所：《太湖综合调查初步报告》，科学出版社，1965，第12～13页。

趋变暖的因素的影响，使得水量增多，所夹带的泥沙在长江河口地段持续堆积，而钱塘江和长江南北两大复式沙嘴成钳形相对伸展环抱，泥沙的大量淤积，使得太湖与海洋隔离，从而形成了独立的泻湖。在太湖湿地早期成湖阶段，长江三角洲持续向东部延伸扩展，泻湖水面相应的不断缩小分化，而水流带入的泥沙不等量的沉积，太湖湿地最终完全与外部的海洋隔绝形成了内陆淡水湖泊湿地，后期入湖泥沙在河口的持续停滞累积，使得原来的湖湾淤塞或者变成独立的湖沼湿地，逐步形成现代完整的太湖湿地水体。

对太湖湿地北岸大约6000年前的人类遗址考古研究证明，在距今大约6000年前，古太湖湿地雏形已经基本形成，与海洋仅留存几条通道相互接连。例如，吴县草鞋山考古遗址，C^{14}年代为5940 ± 135；在常州圩墩考古遗址，C^{14}年代为6275 ± 205。① 太湖湿地从形成之日起就持续不断地变动，全新世中后时期大约7000年以来，气候、海洋水平面和地下水位曾经多次发生波动，因此环太湖湿地周边区域也曾经发生过湖泊水体水面扩大与水面缩小、沼泽发育的多次更替，依据对考古遗址文化层的年代和文化层中水生植物的增减状况的考古结果来判断，湖泊湿地水面的更替主要发生在距今6000～6700年、5000～5500年以及4000～4300年间，这些时间段间隔的阶段就是湖泊湿地水域扩展时期。② 可见由于自然因素的影响，太湖湿地水面几次扩展。③ 进入人类历史时期，人类的社会生产活动对太湖湿地产生了一定的影响，根据历史资料考证，在距离当代2500年前，太湖湿地还是处于持续扩张的时期。④ 在中国春秋吴国阖闾时代（公元前514～前496年），吴国开凿的胥溪运河，东西分别接连长江和太湖湿地，这就使得长江在洪水期间从芜湖漫流经胥溪

① 吴维棠：《从新石器时代文化遗址看杭州湾两岸的全新世古地理》，《地理学报》1983年第2期，第119页。

② 吴维棠：前引书，第120页。

③ 陈中原、洪雪晴、李山、王露、史晓明：《太湖地区环境考古》，《地理学报》1997年第2期，第136页。

④ 陈月秋、唐远云：《东太湖的由来及其演变趋势》，《长江流域资源与环境》1993年第2期，第111～113页。

运河，又向东经宜兴灌注到太湖湿地中，再加上春秋战国时期的气候较为湿润温暖，雨量也比较充沛，这些因素使得太湖湿地水域面积持续不断地扩大。[①] 东汉时期，太湖湿地“广三万六千顷，周延五百里，东西二百里，南北一百二十余里”[②]，估计汉朝时期每顷实际面积大约为当代的70亩，因此汉朝时期的太湖湿地面积为1650～1750平方公里，相比现今太湖湿地面积约少700余平方公里。魏晋南朝时期，太湖湿地是在持续不断扩展，五个岬湾湖面在太湖湿地东北方向形成，《吴地记》就曾记载：“五湖者，菱湖、游湖、莫湖、贡湖、胥湖，皆太湖东岸五湾，为五湖。盖古时应别，今并相连……周回一百九十里以上，湖身向东北，长70余里。两湖西亦连太湖。”[③] 太湖湿地的五个岬湾水面就是上述文献中提到的五湖。隋唐温暖湿润时期，太湖依然在持续不断地扩展，一直延续到宋朝时期，“昔之田，今之湖”……“以是推之，太湖宽广，逾于昔时，昔时三万六千顷，自筑吴江岸及诸港渎湮塞，积水不泄，又不知其逾广几多顷也”。这些在《吴中水利书》有详细记载。[④] 这说明太湖湿地依然在持续扩展，唐朝末期至北宋时期时的太湖湿地发展的鼎盛时期，太湖湿地水域面积估计已经达到约3000平方公里。[⑤] 明清时期，由于排水工程系统逐步得到完善，使得太湖湿地周边地区因洪水泛滥而形成新湖泊湿地的现象基本消失，但是洪涝持续淹没乡村农田，使太湖湿地水面扩展的现象还是存在的。与此同时，伴随湖区开发、围垦成田等人类生产活动的加剧，太湖湿地面积持续不断缩减。太湖湿地的马迹山和东山这两个湖岬水面的发育，使得清朝乾隆年间还处于太湖湿地水域中的马迹山和东山，在清朝后期发展成为了与陆地相连的岛屿。[⑥] 1949年，太湖湿地的面积约为2520平方公里。[⑦] 进入现代时期，由于太湖湿

---

① 张修桂：《太湖演变的历史过程》，《中国历史地理论丛》2009年第1辑，第10页。

② （清）金玉相：《太湖备考》，广陵书社，2006，第97～98页。

③ 张觉：《吴越春秋》，台湾书房出版有限公司，1996，第230页。

④ （宋）单锷：《吴中水利书》，中华书局，1985，第5页。

⑤ 姜加虎、窦鸿身：《中国五大淡水湖泊》，中国科学技术大学出版社，2003，第30页。

⑥ 张修桂：前引书，第11页。

⑦ 姜加虎、窦鸿身：《江淮中下游淡水湖群》，长江出版社，2009，第130页。

地堤岸崩塌等因素的影响，① 太湖湿地的自然演变趋势是持续不断的扩展，但是相关研究表明，② 由于人类活动的影响，太湖湿地的水域面积自新中国成立以来实际上是持续减少的。由此可见，从太湖湿地湖盆形成之后湿地汇水成湖，太湖湿地的范围在时间和空间上持续不断的变化，表 3－1 列出了太湖湿地演变的各个时期及其范围确定的主要依据。

表 3－1　太湖湿地演化

湖泊湿地形态	时期		距今时间	确定湖域依据	原动力
原始湖盆	三叠纪		2.5 亿～2 亿年	出露和钻探揭露的沉积地层分布	地壳运动不均匀沉降
泻湖	第三纪		1 亿～260 万年		
内陆湖	第四纪～全新世	马家浜期	6700～6000 年	古文化遗址及淤积层分布	地壳运动不均匀沉降，第四纪间冰期海浸，稍有人类活动
		崧泽期 良渚期	5500～5000 年 4300～4000 年		
		春秋～近代时期	2500～60 年	古遗址、古典文献论述和地图	地壳运动不均匀沉降，存在逐渐增强的人类活动
		现代时期（1949 年后）	60 年以内	文献论述	地壳运动不均匀沉降和人类活动开始凸现

总之，在太湖湿地形成及其湿地水体反复变动过程中，演变动力主要是地壳运动在时间和空间上的不均衡构造沉降，同时海水浸蚀和泥沙淤积也是关键影响因子。但是到了人类历史时期，人类活动对太湖湿地的演变开始产生影响，尤其是环太湖湿地周边区域近 2500 年来，人类对

① 吴小根：《太湖的泥沙与演变》，《湖泊科学》1992 年第 3 期，第 59～60 页。

② 殷立琼、江南、杨英宝：《基于遥感技术的太湖近 15 年面积动态变化》，《湖泊科学》2005 年第 2 期，139～142 页。

太湖湿地的开发利用成为太湖湿地重要的演变驱动力。太湖湿地丰富的生物资源以及丰裕的淡水资源和土地资源所构成的资源黄金组合更是成为环太湖湿地周边地区的先民辛勤劳动以创造财富和发展经济的物质基础。早在原始社会时期，环太湖湿地的先民们就开始用各种方式改造着太湖湿地的自然面貌，将沮洳泽国改造成沃土良田，促进了经济发展，孕育了较为先进的文化。[①] 追溯环太湖湿地区域经济发展、社会进步的历史轨迹时，可以发现，在人类社会发展过程中，人类认识、利用、适应太湖湿地的水平和能力是不断提高的，因此对太湖湿地的需求在不同的时期是存在差异的。在采集－渔猎时期，对太湖湿地的生物资源的采集满足了人类对湖泊湿地的食物需求；农业产生之后，太湖湿地为农业生产的发展提供了灌溉用水，这样人类可以通过耕地获取更多的食物来源；当人口不断增长，增长的人口对食物产生更大需求时，伴随着农业生产技术的提高，活动在太湖湿地附近的先民开始进行围垦，将太湖湿地的水面转化为土地，太湖湿地为解决粮食问题提供了土地资源；此后，太湖湿地作为环境资源满足了人类不断增长的物质需求，推动了经济的增长。在整个人类利用太湖湿地过程中，太湖湿地水资源一直是主要的利用对象。太湖湿地是具有多种效益的资源，不仅具有可以衡量的经济价值，还在维持为人类提供众多惠益的重要生态系统中起着不可缺少的作用，具有的美学价值和高度多样性的动植物资源为环太湖湿地周边社区可持续发展提供了条件，随着人类社会经济持续发展，收入水平的不断提高，人类产生购买生态产品的消费诉求。由此可见，随着人类社会的进步，人类与太湖湿地关系日趋复杂，人类对太湖湿地的利用将不断发生变化，利用方式日益丰富，太湖湿地资源也发生相应变动。

---

① 宗菊如、周解清：《中国太湖史》，中华书局，1999，第11页。

第二节　食品利用

一　太湖湿地的食品利用与经济发展

（一）历史时期太湖湿地食品利用

对太湖湿地中生物资源的攫取利用，我们定义为太湖湿地食品利用。"有了人，我们就有了历史。"[①] 自人类产生直到中石器时代的漫长历史时期里，生活在太湖湿地附近的人类不能依靠自身的力量来增殖天然的产品，而只能是一味地从自然环境中索取现成的物质，显然，这时期人类的经济活动是攫取性的经济。"蒙昧时代是以采集现成的天然物为主的时期。"[②] 在蒙昧时代，人类有两种方式从自然界中索要"现成的天然物"：渔猎和采集。太湖湿地中的鱼类、龟、鳖、螺蚌等贝类就成为活动在湖泊湿地附近的人类采取和捕捞的对象。这种生存方式在中国古代的典籍中都有记载。《礼记·礼运篇》记载："昔者……未有火化，食草木之实，鸟兽之肉，饮其血，茹其毛；未有麻丝，衣其羽皮。"[③] 这个时期的人们完全是"靠天吃饭"，因为人类渔猎和采集活动，仅仅是猿的生存本能在人类社会初期的延续和发展。[④] 但是在农业起源之前，人类作为"文明人"要保持个体的存活以及种族的延续及壮大，就必须从周围环境中索取赖以生存的物质资源，因此人类99%的时间就是在采集－渔猎的阶段中度过，采集－渔猎生活是到目前为止"文明人"所能达到的最为成功、最为持久、最能适应的生活方式，当然，原始人类所处的攫取性经济时期是相当艰苦的。在9000～3500年前这一历史时期，太湖湿地位于中国东部区湖泊带，该区湖泊的典型特征是，由于江河水面上

① 中共中央马克思恩格斯列宁斯大林著作编译局：《马克思恩格斯选集（三）》，人民出版社，1995，第457页。

② 〔德〕恩格斯：《家庭、私有制和国家的起源》，张仲实译，人民出版社，1954，第25页。

③ 杨天宇：《礼记译注》，上海古籍出版社，2007，第268页。

④ 吴存浩：《中国农业史》，警官教育出版社，1996，第3页。

升以及河床淤积，确保了湖泊湿地的较高水位，这就促使该区的湖泊湿地周围的动物和植物资源繁育相对丰盛。太湖湿地附近的早期居民就是在这种得天独厚的生存条件下，选择在太湖湿地附近定居，这既方便生活，还可以进入太湖湿地进行采集、渔猎活动。[①] 太湖湿地周边地区至少从更新世末期开始，就是古人类活动的重要地区，在这个时期，活动在太湖湿地附近的先民依然生活在"蒙昧时代"，从太湖湿地中攫取生物资源应是最有效率的生存方式。在东部区的湖泊湿地区域史前文化的发展序列中具有很大代表性的浙江太湖三山岛遗址，作为太湖湿地周边区域首次发现的旧石器时代遗址，清晰地表明了活动在太湖湿地附近的古人的生产活动。[②] 在旧石器晚期时期，活动在太湖湿地附近的人类已经开始运用技术来拓广食物的范围和种类，在太湖湿地三山岛上，考古发现石叶、鱼叉等旧石器时代晚期的石器工具。石叶技术的出现说明活动在太湖湿地附近的古人已经能够最大限度地利用较为高档的食物资源，而大量的鱼叉也表明水生物资源已经成为人类觅食的重要对象。考古发现的旧石器中，凹刃的复刃刮削石器特别适合加工骨角质小型工具和木质小型工具，个别刮削石器刃口深度特别适合加工渔叉和渔钩。旧石器工具中，完全缺失在中国北方诸如下川、虎头梁和峙峪等狩猎经济占主要地位的旧石器文化遗址中极其常见的箭链、投射尖状器、石球等杀伤力较大的石器工具，这非常明显地说明太湖湿地附近的先民是以采集、渔猎为主要经济活动，而且渔猎经济占主要地位，捕捞更是主要的生产活动。[③] 可见，采集－渔猎生活是更新世末期活动在太湖湿地周边地区的先民的主要生产活动方式，这个时期的先民已经开始了对太湖湿地的生物资源的采集利用。在相当长的史前文化时期，活动在太湖湿地附近的古人过着以渔猎为主向自然环境索取自然生成物的攫取性经济生活。当然，这种天然湖泊资源利用方式的人口承载力是相当低的。狩猎采集

① 杜青林、孙政才：《中国农业通史（原始社会卷）》，中国农业出版社，2008，第29页。

② 王幼平：《更新世环境与中国南方旧石器文化发展》，北京大学出版社，1997，第75页。

③ 陈淳：《太湖地区远古文化探源》，《上海大学学报（社科版）》1987年第3期，第104页。

每平方公里只能供养0.001～0.05人，仅仅能维持30%～70%的资源消耗量，过度消耗会减缓资源的再生和代偿。在原始社会之后，对太湖湿地食品利用依然是存在的，太湖湿地并没有因为人类社会的进步而退出人类生产活动范围。

（二）新中国成立后太湖湿地食品利用

新中国成立后，随着区域社会收入水平的提高，人类的消费结构发生变动，对太湖湿地生物资源的食品利用依然存在，而且随着人口数量的增加，利用强度并没有减弱，甚至还增加了对太湖湿地水产品的捕捞，当自然生物资源供给不能满足人类的社会需求时，水产养殖生产活动开始出现。

二 太湖湿地食品利用过程中资源变动

在水生动物和植物资源丰富共存的太湖湿地生态系统里，由于物种丰富、较高的稳定性，加之人类有限、落后的技术和较低的人口数量，个别鱼类或贝类即便被人类捕食，也不会影响生态平衡。但是在自然和社会诸多因素的综合作用下，能够被活动在太湖湿地附近的先民们利用的自然生成物呈现递减的发展趋势，而不是随着人口的增长呈现递增的趋势。不同时期考古发现表明，越远离原始社会，人类捕获的水生物品的等级越低，这说明人类对水生生物的攫取从高等级、较易捕获的资源向低等级、较难捕获的资源变动。

新中国成立后太湖湿地食品利用强化了对湿地生物资源的利用，这同样使得太湖湿地生物资源发生变动。从表3－2的数据中可以看到，1952～2003年，太湖湿地特有的、优良的本土物种银鱼的捕捞量占总捕捞量的份额由12.9%降低至2.51%，1972～1982年出现短暂的上升，但总体上是持续降低的，而经济价值较低的刀鲚捕捞量占总捕捞量的份额由1952年的15.77%上升至66.34%。人类对太湖湿地的食品利用改变了太湖湿地的鱼类结构。

表 3-2 太湖湿地主要年份刀鲚、银鱼的捕捞产量及渔获物比例

鱼类捕捞量及渔获比		1952 年	1962 年	1972 年	1982 年	2003 年
刀鲚	捕捞量（吨）	640.5	3759.0	5139.5	6211.9	19747.5
	渔获比（%）	15.77	48.83	51.84	45.77	66.34
银鱼	捕捞量（吨）	524.0	349.6	766.6	903.5	745.9
	渔获比（%）	12.90	4.54	7.73	6.66	2.51
总捕捞量	捕捞量（吨）	4060.7	7697.6	9913.7	13573.0	29769.3

注：1952～2003 年太湖湿地水产品捕捞量数据来源于太湖渔业生产管理委员会的内部资料。

三 食品利用过程中资源变动对经济发展的影响

人类历史早期，活动在太湖湿地周边地区的先民对太湖湿地的食品利用所导致的资源变动对经济发展产生了影响，新中国成立后对太湖湿地的食品利用是在延续历史时期人类基于需求而对太湖湿地进行食品利用过程，只是技术进步使得这种利用的程度、内容和方式更加丰富。

自然环境的优劣和人口的多少与质量，对人类社会存在、持续发展，都具有加速或延缓的作用。中国农业遗产研究室太湖地区农业史研究课题组的研究成果表明，气候的大幅度变异是影响野生动植物资源变动的自然原因，太湖湿地的自然条件在最后一次冰期之后的 1 万多年里是存在变化，但是总的变化幅度不大。① 伴随着人类社会的发展和人口的持续增长，活动在太湖湿地附近的先民提高了对野生生物的渔猎手段、强化了采集经济，这是影响野生生物资源日渐减少的重要社会因素。原始群体的最佳理想人数是 15～20 人，最理想的人数是平均为 25 人。采集-渔猎一个区域只能实现每平方公里养活 0.001 人，因而采集这就不得不处于以家庭为基本单位的低层次的水平上。② 在环境资源不变的条件下，经过一段时期后，人口增多，先人们采集-渔猎的效率也日益提高，

① 中国农业遗产研究室太湖地区农业史研究课题组：《太湖地区农业史稿》，农业出版社，1990，第 10 页。

② 杜青林、孙政才：《中国农业通史（原始社会卷）》，中国农业出版社，2008，第 6 页。

但是，这种效率并非是无限增长的，当攫取生物资源的速度大于自然界可供给生物资源的一定比例时，野生生物资源对于活动在太湖湿地附近的远古人类维持生活就会出现供不应求的状态。因此，活动在太湖湿地附近的人口增多会逐渐接近资源的负载能，这就迫使古人寻求更多的食物。事实上，先民能够利用的天然生成物并不是随着人口的增长表现为递增的趋势，与此相反，在自然与社会诸因素的作用下，天然生成物向着日趋减少的态势发展。当然，当人口与资源失去平衡时，可以选择向外迁移，但是，当向外迁移变得艰巨时，人类就不得不利用以前没有利用的生物资源，从高档食谱向低级食谱转移，这就会形成多元的觅食形态。这种复杂的采集-渔猎经济是稳定性不高的适应方式，因为它强化采集生长快、产量高的资源，如鱼类、贝类，这也有促使资源耗竭的危险，由于资源的波动，高档食品品种枯竭，人口压力的增大，就终于变成了活动在太湖湿地附近的先人们发展农业的契机。因为随着人口增长，土地相对稀缺性上升，依靠在有限的土地上投入更多的采集劳动来增加食品供给的余地就会越来越小，如果种植技术变得可用，人们就能在一定数量的土地上以更低的成本生产出更多的食品，这就迫使人类采取补充性的措施，即需要操纵、驯化一些常备的动植物，以保障食物的供给。[①] 马家浜文化遗址的考古资料表明，在新石器时代，太湖湿地周围一带的古人类已经进入了农业社会，实现了渔猎经济向原始农业的过渡。

历史证明，采集-渔猎经济的发展和成熟，为太湖湿地原始农业的出现奠定了不可或缺的基础，采集-渔猎经济发展的新阶段构成了从采集、渔猎经济向原始农业经济过渡的重要链环。[②] 原始农业发源于采集经济，但是从采集经济向原始农业经济的过渡，却是一个极为漫长的历史过程。环太湖地区原始农业经济日趋发达，必然导致采集-渔猎经济在原始社会经济份额中的下降。在这个极其缓慢的经济组构变动过程中，

① 速水佑次郎：《发展经济学》，李周译，社会科学文献出版社，2003，第13~14页。

② 吴存浩：《中国农业史》，警官教育出版社，1996，第7页。

渔猎和采集活动仍是存在的，马家浜遗址中出土的螺蛳壳、水龟壳、蚌壳以及鱼骨就是马家浜文化中渔猎经济在环太湖湿地周边地区先民生活中依然占据相当份额的最好实证。此外，人类对水生生物资源的食品利用使得资源结构发生变动，鱼类捕获数据的变动（见表3-2）就能说明这一问题，这时，人类会通过技术进步提高对水生生物资源的利用，比如历史时期的“桑基鱼塘”生产模式。

第三节　肥力利用以及水资源利用

一　太湖湿地的肥力利用、水资源利用与经济发展

（一）历史时期太湖湿地的肥力利用

农业的出现改变了人类生活。因为原始农业的出现，使得活动在太湖湿地附近的先民开始尝试摆脱采集经济活动中所受的自然条件的限制以及渔猎经济中的缺乏稳定、无保障的状况；能够采用人工的方法将某些可供食用的动植物再生产出来，从而使得先民有了相对稳定的、较多的食物来源，人类的生存才开始有了保障。环太湖湿地区域的农业开拓非常早，距今4000~7000年，活动在太湖湿地附近的先民已经开始过着农耕生活，在环太湖湿地附近属于距今6000~7000年的马家浜文化、距今5500~6000年的青莲冈文化和距今4000~5000年的良渚文化这些新石器时代遗址中，发现了不少水稻遗存：马家浜文化遗址中发现了极其丰富的栽培水稻的遗存，水稻遗存在草鞋山、崧泽、罗家角等文化遗址中也均有发现，水稻成为当时主要的农作物，农业生产在马家浜文化中占据了主导地位；密集分布在苏州、无锡地区的青莲冈文化遗址也发现了大量的籼稻和粳稻等水稻遗存；良渚文化阶段，原始农业继续发展，水稻种植相当普遍，出现了石耘器、石犁，石犁这一翻土工具的出现充分表明太湖湿地附近的农业生产在原始社会末期，已经从“耜耕”发展到更为先进的“犁耕”阶段，说明农业生产活动在太湖湿地附近的原始

先民的经济生活中的作用是相当明显的。

太湖地区最初的原始农业是从采集－渔猎经济中孕育、发展而来的，并且与采集、渔猎长期共存，这个经济组构演变过程就决定了环太湖湿地周边地区的原始农业的产生离不开先民采集、渔猎的基地——太湖湿地。事实上，太湖湿地不仅可以为采集－渔猎经济提供丰富的生物资源，还可以为原始农业提供灌溉用水，增加土壤肥力，促进作物高产。水是太湖湿地自然构成的基本元素。《管子·度地》记载："民得其饶，是谓流膏。"所谓"流膏"[①]，实际上就是指水中含有一定的肥美养料。《管子·水地》认为："夫民之所生，衣与食也；食之所生，水与土也。"[②]十分明确水对农业生产、人类生活的重要性。《管子·度地》还记载："五水者"，"……经水……枝水……谷水……川水……渊水……因其利而往之，可也"[③]。这表明，可以因循地势利用湖泊湿地的水资源来进行灌溉。[④]

本书将活动在太湖湿地附近的先民利用太湖湿地水资源进行灌溉的活动看成是对太湖湿地的肥力利用，在太湖湿地的肥力利用活动中，环太湖湿地周边地区的水资源得到进一步开发。对太湖湿地肥力利用与一定水平的社会经济发展程度相联系。吴兴邱城遗址的马家浜文化层位中的遗迹表明，在吴兴邱城遗址的马家浜文化层位中建筑遗迹的附近，存在2条宽度为1.5～2米的大型引水沟渠以及9条排水沟壑。马家浜文化遗址的史前人类已经懂得在生活设施中要考虑引水和排水，在从事原始农业生产活动时，开始修筑田埂，初步建立了一套引、灌、排水技术，活动在太湖湿地附近的先民在开展农业生产时已经开始利用太湖湿地水资源进行农业灌溉。[⑤] 伴随着采集－渔猎经济向原始农业经济的过渡，

① 赵守正：《管子注译》，广西人民出版社，1982，第172页。

② 赵守正：《管子注译》，广西人民出版社，1982，第319页。

③ 赵守正：《管子注译》，广西人民出版社，1982，第176～177页。

④ 宋湛庆：《中国古代农田水利建设的巨大成就和特点》，见郭文韬著《中国传统农业与现代农业》，中国农业科技出版社，1986，第202～205页。

⑤ 中国农业遗产研究室太湖地区农业史研究课题组：《太湖地区农业史稿》，农业出版社，1990，第47页。

占主导地位的太湖湿地的生物资源的采集经济在人类对太湖湿地的利用活动中的重要性逐渐下降，对太湖湿地的肥力利用相对于太湖湿地提供生物资源的作用的重要性日渐增强，当然，这个过程是极其缓慢的，是与特定时期的生产力水平相关的，因为灌溉水利技术与农业生产的关系是极为密切的，因此，虽然引流灌溉技术和开沟排水技术，这些标志着我国农田水利灌溉历史萌芽的水利技术在前期锄耕农业阶段已经被原始先民发明，但是夏商及其之前时代的环太湖湿地周边地区农业仍是一种粗放的原始农业，只有当灌溉水利工程在农业生产中出现时，太湖湿地为农业生产提供灌溉用水的作用才会凸显。距今3000年前，擅长于经营沟洫农田、拥有较为先进的农业生产技术的周族的南迁[①]促进了太湖湿地附近区域的治水营田事业的进一步发展。[②] 在从原始农业向传统农业过渡的夏商周时期，[③] 伍堰的凿通接连了太湖与长江，为灌溉创造了有利条件，充分利用太湖湿地的水资源，推动了太湖地区农业经济的发展。灌溉之利所带来的农业增产效果明显，这使得人们开始探索水资源的开发与利用，春秋战国时期，圩田所能起的灌溉功效开始显现。[④] 东晋南朝时，灌溉已趋向陂塘化。[⑤] 魏晋以来相对比较稳定的社会环境和劳动人口的大量涌入，极大地加速了太湖湿地的开发进程，更是出现了“民丁无士庶，皆保塘役”的局面。[⑥] 早期的水利工程在为农业生产创造良

---

① 春秋时期，擅长于经营沟洫农田的周族迁徙到太湖湿地附近的无锡、苏州之间的梅里筑城定居，太湖湿地区域低洼多水，仍有排涝和灌溉的需要，原始先民已经开始利用太湖湿地的水资源进行灌溉，以发展农业生产。

② 郑肇经：《太湖水利技术史》，农业出版社，1987，第72～73页。

③ 环太湖湿地区域有关灌溉工程的初步萌芽是出现在西周时期。《诗经·周南·汝坟》说：“遵彼汝坟，伐汝条枚。”《诗经·陈风·防有鹊巢》也说：“防有鹊巢，邛有旨苕。”这里的“坟”和“防”就是指堤坝。堤坝技术的进一步发展，则意味着将要产生蓄水和引水工程。

④ 长江流域规划办公室：《长江水利史略》，水利电力出版社，1979，第16页。

⑤ “陂”就是一种“在天然湖泊周围，人工修筑堤防，构成小型蓄水库容”的陂池，这才有可能成为真正既能蓄水又可灌溉的水利工程。

⑥ （梁）萧子显：《南齐书》卷26《列传》第7《王敬则》，中华书局，1983，第482页。

好灌溉条件的同时也为围田[①]创造了条件。塘浦圩田系统使得低地洪涝有出路，高地农田灌溉水源不致枯竭，并可实现高低分别治理。隋唐之后，由于人口增长的压力，随着水利事业的发展以及与水利事业紧密相连的灌溉设施和善于利用水力资源的灌溉工具的长足发展，人们更多地利用太湖湿地以获得灌溉用水发展农业生产，以农业经济为主的生产方式开始并最终取代采集－渔猎生产方式占据了主导地位，相应的，人们从太湖湿地获得灌溉用水的肥力利用方式开始凸显起来。五代吴越时期，环太湖湿地周边地区的塘浦圩田发展成为一个完整的系统，确保了高田区早期仍可引太湖水灌溉，又减轻低地排涝负担，旱涝兼顾。宋代对太湖溇渎与陂塘沟洫的疏浚，确保了该地区农业生产的灌溉用水。元代大体因循宋代治水方针。明清时期修筑了不少水利工程，促进了农业生产。清末至新中国成立前，太湖湿地水利处于放任自流状态，水利设施做得很少，堤防残缺，圩田系统零散，洪、涝、旱交错发生，灾害频发，影响了太湖湿地水资源的灌溉利用，不利于农业生产。

总而言之，从春秋时期至新中国成立前，太湖湿地的水利总体上经历了开发、发展和治理的历史发展过程，水利的兴建为活动在太湖湿地附近的居民利用太湖湿地水资源进行农业灌溉、改善农业生产条件起了重要作用，促进了农业生产。在环太湖湿地区域农耕社会发展的历史进程中，人类对太湖湿地水资源的灌溉利用活动相对于人类对太湖湿地生物资源食品利用活动，对环太湖湿地周边区域的社会经济发展贡献日趋增大。

（二）新中国成立后太湖湿地肥力利用、水资源利用

新中国成立后，太湖水利进入新的发展时期，在太湖湿地兴建了大量的塘坝，减轻了汛期洪水的倒灌威胁，增加了圩堤闸坝的建设，做到了排、引结合，有效地防止洪涝，保证了农田的排水、灌溉用水需要。

---

① 围田就是修筑堤坝围裹太湖滩地，依水垦殖。早期的围湖造田，仅仅是修筑堤坝围裹太湖湿地浅水湖滩地，且分散在太湖湿地的局部区域，随着人口增长对耕地扩大的需求，围垦面积逐渐连片扩大，围田垦殖与蓄洪防涝的矛盾凸显，为解决太湖洪涝灾害问题，筑土围田就不得不配合有计划的塘浦开挖，围田也因有规则的塘浦日渐加密，逐渐构成在“纵浦横塘”之间圩田密布的塘浦圩田系统。

在环太湖湿地周边区域经济发展的过程中，人类对太湖湿地水资源的灌溉利用活动成为重要的生产活动。在这个进程中，太湖湿地生物资源的食品利用依然存在，甚至出现新的发展形态，因为水产养殖技术的发展，人们开始大规模地发展水产养殖。但是与水产养殖、捕捞业相比较，水稻等粮食作物的生产能使人类获得更多、更加稳定的食物来源。因为，在中国存在人口压力的情形下，含热量较多的食品取代含热量较少的食品，这就是粮食生产受人口密度影响的法则。[①]

在太湖湿地水资源的肥力利用过程中，太湖湿地水资源已经为活动在环太湖湿地周边地区的先民提供饮用水源。随着社会发展，人类对太湖湿地的水资源利用不仅仅限于农业灌溉用水、生活用水，环太湖湿地周边地区社会经济发展了，用水方式增加了，用水内容也更加丰富了，包括城乡人口生活用水和工业、农业等产业用水，尤其是中国民族工业在江浙一带萌芽之后，这一段时期直接从湖中取水使用。新中国成立后，随着社会稳定，环太湖湿地周边地区建设自来水厂，开始了大规模地对湿地进行取水加工利用，以苏州市为例，最早于 1951 年建设水厂，从太湖取水。[②] 改革开放后，随着城市化、工业化进程的加快，城市基础设施的建设，对太湖湿地水资源利用的强度加大，至 2009 年，直接从太湖湿地取水的水厂有 12 个，日取水能力达到 326 万吨。[③] 可见，环太湖湿地周边地区用水趋势对太湖湿地水量变化是存在影响的，这就有必要分析环太湖湿地周边市域用水态势。

1. 环太湖湿地周边市域用水量变化趋势

人类对太湖湿地水资源的需求增加，用水量的变动必然导致太湖湿地实际蓄水量的变动。本书分析环太湖湿地周边市域在经济发展过程中用水量的变化趋势，对于分析经济发展过程中太湖湿地资源水量变动是有益的。针对 1980 年之后环太湖湿地周边地区的吴江市、吴县、无锡市

① 张培刚：《农业国工业化问题初探》，华中工学院出版社，1984，第 38 页。

② 资料来源于苏州市城市建设管理局内部资料。

③ 资料来源于水利部太湖流域管理局内部资料。

区、宜兴市、锡山市、武进市、湖州市和长兴县等县域城市用水量进行了分析（见表3-3）对1980年、1993年、1997年和2000年这四个年度进行比较，可见环太湖湿地周边地区用水量总体上出现递增趋势，其中1993年用水量最大。从1980年至2000年，农业用水逐渐呈现递减趋势，从用水总量的83.45%递减到41.33%；工业用水占总用水的比重由3.57%递增到41.63%；生活用水中，农村人口用水略有减少，而城市人口用水由4.01%递增到8.35%，城乡人口比例的改变也相应地改变了城乡生活用水结构，但是，生活用水量总体上呈现递增趋势。数据表明，2000年的用水量相对于1993年有所减少，但依然显著高于1980年的用水量。

表3-3　环太湖湿地周边县域城市主要年度用水量

单位：亿立方米，%

年度	1980		1993		1997		2000	
用水量	总量	比例	总量	比例	总量	比例	总量	比例
农业	47.98	83.45	43.52	49.96	31.93	46.78	28.92	41.33
工业	2.05	3.57	34.25	39.31	26.03	38.14	29.13	41.63
城市人口	2.30	4.01	5.07	5.82	5.19	7.61	5.84	8.35
农村人口	5.16	8.97	4.27	4.90	5.10	7.47	6.09	8.70
合计	57.5	1	87.11	1	68.24	1	69.98	1

注：1980年、1993年、1997年、2000年工业、农业、城乡人口生活用水指标数据来源于水利部太湖流域管理局内部资料。

2. 无锡市用水量变化趋势

环太湖湿地周边县域城市主要年度用水量数据表明，周边市县对水资源的需求随着经济的增长而变动，在这个过程中发现沿湖县市2000年用水量相对于1993年略有减少，这有必要分析经济发展过程中，水资源的需求是否随着经济的增长而出现减少。无锡市工业发展较早，以无锡市为例，分析其用水量变化态势。[①]

（1）无锡市总用水量、产业用水量与生活用水量发展态势。图3-1

① 数据来源于无锡市城市建设管理局内部资料。

描述了无锡市自1978~2006年总用水量、产业用水量和生活用水量的变化趋势。从图中可以看出，改革开放后，无锡市的用水量变化有三个特点。

第一，总用水量、产业用水量和生活用水量均呈现先递增后减少的变化趋势。

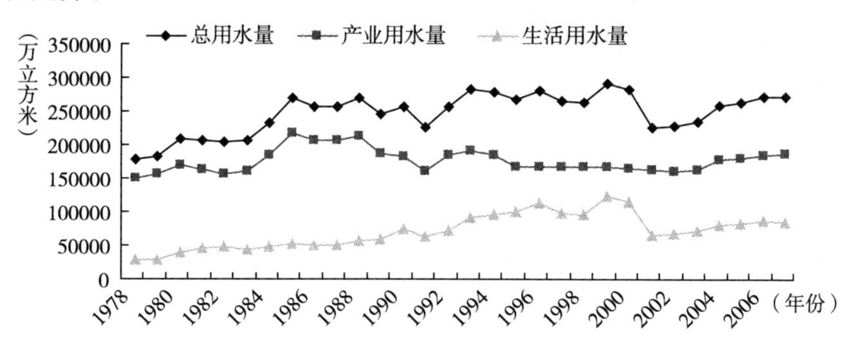

图3-1　总用水量、产业用水量与生活用水量发展态势

资料来源：无锡市城市建设管理局内部资料。

第二，产业用水量高于生活用水量，但是两者的差距在缩短。

第三，生活用水量处于增长的态势，但是在2000年后出现下滑趋势。

（2）无锡市生活用水与人口发展态势。从图3-2可以发现，人均生活用水量发展态势为：人均生活用水量在2000年出现峰值，之后出现下降趋势，但是相对于改革开放初期，用水量是增加的。

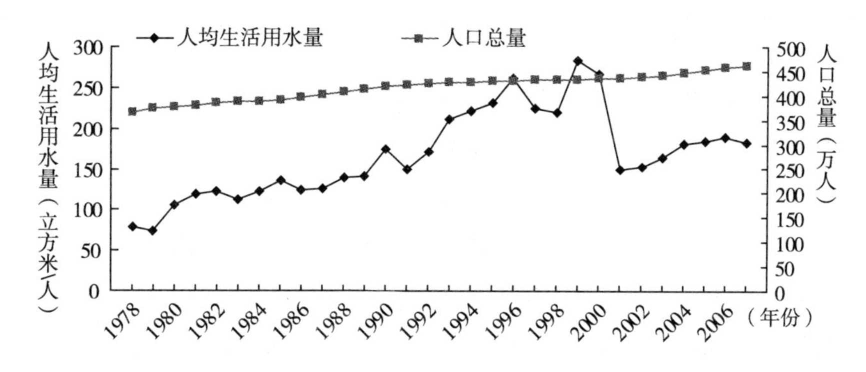

图3-2　生活用水与人口发展态势

资料来源：无锡市城市建设管理局内部资料。

(3) 无锡市历史时期 GDP (可比价), 第一、第二、第三产业发展态势。从图 3-3 可以发现, 改革开放后, 从 1978~2002 年的 24 年, 无锡市的国民生产总值及三次产业增加值一直处于持续的增长态势, 其中, 第一产业增长缓慢, 第三产业增长迅速, 这说明在 1978~2002 年用水量减少的同时, 经济在持续增长, 经济不断增长的变动态势不是用水量减少的影响因素。

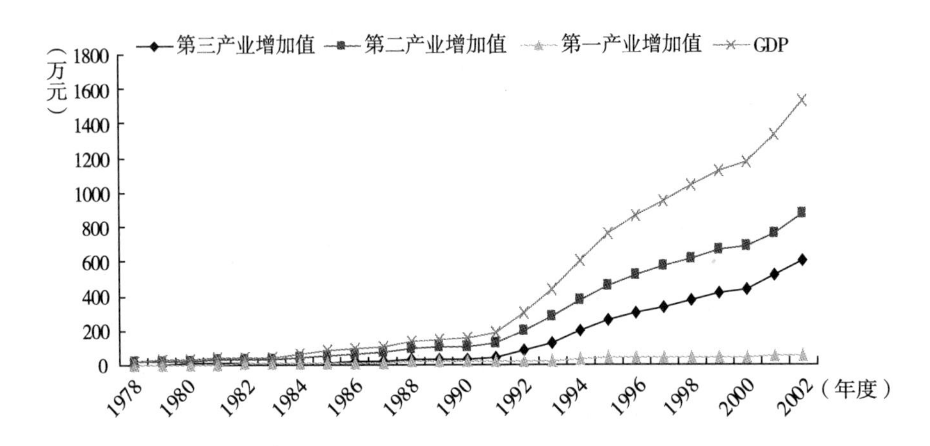

图 3-3 历史时期 GDP (可比价), 三次产业发展态势

资料来源: 无锡市城市建设管理局内部资料。

二 太湖湿地肥力利用、水资源利用过程中的资源变动

历史时期, 由于人类对太湖湿地利用的强度和技术的限制, 太湖湿地水资源相对保持稳定。但随着人类社会进步, 人类对太湖湿地肥力利用、水资源利用的方式增多, 内容日益丰富, 太湖湿地水量变动趋势增大。鉴于数据的限制, 本书仅对 1978~2009 年太湖湿地出入湖水量变动进行描述。根据 1978~2009 年太湖湿地水量变动曲线数据, 太湖湿地水量变动是个波动曲线, 但总体上湖泊湿地出入湖水量变动呈现递增趋势 (见图 3-4)。

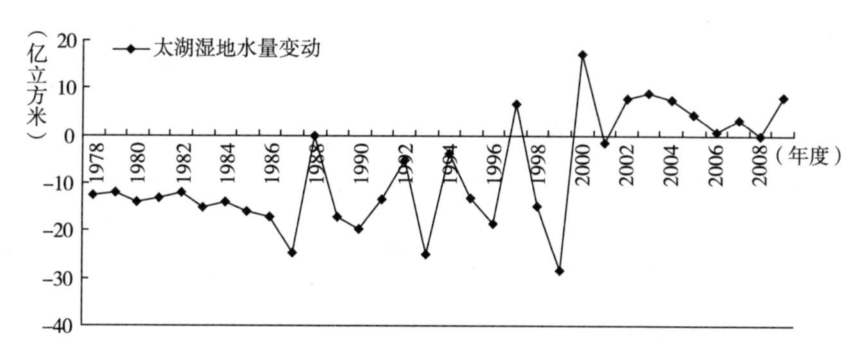

图 3-4　太湖湿地历史时期（1978~2009 年）出入湖水量变动

注：1978~1985 年数据为估算数据，根据从无锡市、苏州市、常州市、浙江湖州等市水文部门提供的各年度 5~9 月环太湖湿地巡回监测资料以及中科院南京地理与湖泊研究所的内部资料进行汇总，并按照历年 5~9 月出、入湖水量占全湖水量的 60% 进行估算获得；1986~2009 年的出入湖水量数据来源于水利部太湖流域管理局归总的 100 多个进出水口门的环太湖巡回监测资料的数据，并与从中科院南京地理与湖泊研究所内部资料的数据进行了比对，两方数据误差小，可以作为论文研究数据。

三　肥力利用、水资源利用过程中资源变动对经济发展的影响

太湖湿地位于中国东南部，由于该区域的气候条件，使得水资源对于该区域的社会发展来说不是极为稀缺的资源，不会类似其他区域的湖泊湿地，比如干旱区的湖泊湿地，气候性的缺水问题不存在。但是环太湖湿地周边区域经济持续增长、工业继续发展、城市化率进一步提高的发展态势将加大对水资源的利用，而我们不可能放弃经济发展，但是对太湖湿地水资源的无限制的使用必然会减少该资源的供给数量。环太湖湿地周边地区用水量的增加会减少实际入湖水量，并挤占太湖湿地生态用水。当生态用水减少，会给区域水环境带来压力，太湖湿地属于平原型湖泊湿地，水位变幅小，无法进行多年调蓄以实现以丰补歉，在太湖湿地滞留期递增（太湖湿地湖水滞留期已经延长到 309 天）的情况下，[①] 实际入湖水量的减少将影响太湖湿地水质净化功能的发挥，进而影响经

① 秦伯强、胡维平、陈伟民：《太湖水环境演化过程与机理》，科学出版社，2004，第 7~9 页。

济的可持续发展。

第四节 围垦利用

一 太湖湿地的围垦利用与经济发展

（一）历史时期太湖湿地的围垦利用与经济发展

春秋时期，由于地貌发育原因，太湖湿地附近某些沿湖土地成为季节性的浅水湖滩地，只要修筑堤坝，就可排除内潦挡住外来的湖水，开辟为肥沃的田地。已经具备一定水平的筑堤浚湖水工技术的吴越先民就将农业生产带向太湖湿地的湖滩地，修筑堤坝围湖造田，开展了向水要地。《越绝书·吴地传》曾明确记载“王世子造以为田”①，北野有“大疁”，西野有“鹿陂”，这些都是围垦的水田，② 春秋早期的“疁”和“陂”最初是用来修筑堤坝、阻碍水流，是作为发挥遏土蓄水、引水灌溉功效的水利工程设施，但有了围田的迹象。秦汉时期修筑的诸如“陵水道”的水利工程为太湖湿地的围垦创造了条件，汉朝时期，在太湖湿地东缘开凿的河港，初步形成苏、嘉、杭运河，这些水利设施有利于太湖湿地东部洼地的围垦，秦汉之际，苏州东南50里的湖荡浅沼区出现了三百顷肥沃的稻田。太湖湿地南部和西部，汉代修筑的荆塘、皋塘也有利于太湖湿地的垦殖。汉代，太湖湿地以东纵贯南北的江南运河、太湖湿地以南分段兴建修筑的塘堤河港都给围田创造了有利条件，所以在汉朝时期，围田有了进一步的扩展，围田以比较分散的形式分布在太湖湿地的四周。③ 总的来说，环太湖湿地周边地区直到汉朝，还是明显落后于中原和关中地区。正如《史记》所载：“楚越之地，地广人稀，饭稻羹鱼，或火耕而水耨，果隋蠃蛤。”生产落后的主要因素就是“地广人

① （汉）袁康、吴平：《越绝书》，上海古籍出版社，1985，第11～13页。

② 宗菊如、周解清：《中国太湖史》，中华书局，1999，第136页。

③ 郑肇经：《太湖水利技术史》，农业出版社，1987，第77页。

稀”，生产技术也是较为粗放的，因此，扩大农作物耕地面积以实现产量的增加，就是先秦、两汉时期粮食生产发展的主要特点，这一时期，通过围垦太湖湿地的水面来获取肥沃的土地资源的生产活动已经显现。但是由于环太湖湿地周边区域光热资源比较丰富，水量充沛，适宜粮食作物的生长，因此活动在太湖湿地附近的先民“不待贾而足，地执饶食，无饥馑之患”。[①]

社会经济活动的主体是人，虽然人口的多少并不是决定社会经济发展的唯一因素，但是，一定数量和质量的劳动人口却是人类社会经济发展和进行生产活动的必要条件。从这个角度上说，经济的发展与劳动力数量是成正比关系的，人口数量的多寡是一项衡量一个地区经济发展水平的重要标准，尤其是在封建经济并不是很发达的情况下，人口增殖对经济的繁荣是有决定性影响的。活动在太湖湿地附近的人口数量与劳动力发展的特点，与环太湖湿地区域经济发展的历史是直接关联的，影响着该区域社会经济的发展。自汉朝末年到唐代中叶近600年里受中国北方长期战乱的影响，大量人口迁徙到南方。魏晋南北朝时期农业发展的历史条件为有文字记载以来最为严重的长达数个世纪的气候寒冷周期，人口的大量迁徙更是显著。偏于寒冷的气候影响了农耕区域的生产和生活，导致农业生产总量的下降，中国陷入长期的战争动荡之中，社会动荡引发的迁徙浪潮使得北方人口大量流向江南地区，人数先后达到一百多万人。[②] 在中国古代农耕社会，人口数量及其区域分布的变化，必然引发农业经济空间格局的变动，魏晋南北朝时期农业经济的空间格局因为人口分布的变动而发生了改变。民族大规模迁徙和人口的大量流徙，使得南北区域的人口数量发生明显的变化，这也表明农业劳动力与农业自然资源之间的配置关系发生改变。黄河中下游区域因为大规模的人口流徙使得传统农耕区的人口耗散，从而严重影响了该区域的农业生产。南方自古以来是水田耕作区，但在两汉之时南方还没有得到充分开发，

① （汉）司马迁：《史记》卷129《货殖列传》，中华书局，2008，第541页。

② 陈文华：《中国古代农业科技史图谱》，农业出版社，1991，第243页。

水田耕作非常粗放。中原人口向南方地区的迁徙，增加了劳动力的数量，有利于南方地区农业资源的开发和经济的增长，我国古代的经济重心开始经历自北向南、自西向东逐渐移动的过程，魏晋南北朝时期的农业生产结构也相应经历了重大调整，粮食结构发生重大变化，水稻成为了主要粮食，南方的稻作经济开始崛起。但是，北方人口向江南的大迁移使得环太湖湿地周边地区成为我国的人口稠密区，这就引发了环太湖湿地周边地区土地负荷超载的土地资源供给危机，[①] 而魏晋南北朝时期，发展粮食生产的主要方式依然是扩大粮食耕作面积来获得较高的产量，因此，随着环太湖湿地周边地区农业经济的发展，围田面积日益扩大。

唐朝时期，环太湖湿地周边地区的人口变动趋势与全国一致，呈现上升趋势（见表 3－4）。比较唐朝贞观十三年（公元 639 年）和天宝元年（公元 1102 年）的全国户数和人口数，户数和人口数的增长率分别为 195% 和 312.7%，[②] 同期环太湖湿地周边区域常州、苏州和湖州三州的户数和人口数的增长率分别为 434.52% 和 642.67%，环太湖湿地周边地区唐朝前期人口增长速度明显要高于唐朝时期全国平均水平，人口的增长使得环太湖湿地周边地区人口密度激增。太湖地区人口密度在隋大业年间（公元 605～618 年）约为每平方公里 9.66 人，[③] 唐贞观年间，环太湖湿地周边区域人口密度为每平方公里 10～20 人，[④] 而到天宝年间，每平方公里为 40～100 人，苏州所属地区的人口密度已经达到每平方公里 40 人，较汉代时期约增加了 4 倍。[⑤]

---

① 阎万英、尹英华：《中国农业发展史》，天津科学技术出版社，1992，第 250 页。
② 宗菊如、周解清：《中国太湖史》，中华书局，1999，第 209 页。
③ 宗菊如、周解清：《中国太湖史》，中华书局，1999，第 185 页。
④ 费省：《唐代人口地理》，西北大学出版社，1996，第 68 页。
⑤ 郑肇经：《太湖水利技术史》，农业出版社，1987，第 79 页。

表 3-4　太湖地区唐朝前期户口增长情况

地名	户数			人口数		
	贞观十三年（户）	天宝元年（户）	增长率（%）	贞观十三年（人）	天宝元年（人）	增长率（%）
常州	21182	102631	384.52	111606	690673	518.29
苏州	11895	76421	544.41	54471	632650	1061.44
湖州	14135	73306	418.61	76430	477698	525.01

资料来源：参见郑肇经《太湖水利技术史》，农业出版社，1987。

人口的增长使得粮食需求增加。隋唐时期，农具得到革新，曲辕犁取代了古代的直犁，提高了耕作质量，以水稻为中心的粮食生产得到发展，但这一时期，日益增长的人口对食品的需求与一定数量的耕地供给的食物数量矛盾依然严重，通过耕地面积的扩大来增加产量仍然是粮食生产发展的主要特点。因此，活动在环太湖湿地附近的人口增长的巨大压力，就迫使先民寻求耕地面积的扩大，先民向水争地，持续围垦太湖湿地水面，改造开发太湖湿地低洼水面就成为必然。尤其是唐代中叶之后，对南方经济开发的重视，促使太湖塘浦圩田系统迅速形成。唐代后期，环太湖湿地周边地区塘浦圩田系统的发展使得该区域出现了更为高级形态的围垦太湖湿地水面及发展农业生产的方式——成熟塘浦圩田，即在太湖湿地的低洼处，依据地势将大片的水洼地圈围并用土修筑起来，将湖水挡在堤坝外面，堤坝内开垦成田，“圩田”相对“围田”是较为高级的发展形式。因为有了较为完整的水利设施，水面围垦强度增大。五代吴越时期，圩田系统得到养护管理，太湖湿地的塘浦圩田系统得到进一步完整和发展，以至“五里、七里而为一纵浦，七里、十里为一横塘”。[①] 隋唐至五代时期，“围田”、“圩田”这些向太湖湿地追要土地资源的田垦方式成为环太湖湿地周边地区扩大耕地面积的主要内容。可以看到一个事实，圩田建设虽然不是泄湖为田，但圩田越多，湖面则越小。

① （宋）范成大：《吴郡志》，陆振岳点校，江苏古籍出版社，1999，第 268 页。北宋《吴门水利书》中记载了吴越时期已普遍出现圩田，“五里、七里而为一纵浦，七里、十里为一横塘”。

太湖湿地的水面在没有被围占固土之前，仅仅是以一种自然资源的形态而存在，在人类侵占湿地水面垦田的过程中，太湖湿地水面面积持续缩小，人类通过不断对太湖湿地的投资，将太湖湿地水面改造成了可以用于农业生产的土壤，同时也改变了太湖湿地初始的农业生产条件，提高了太湖湿地附近土地的生产性能，渐渐地改变了太湖湿地在自然状态中的生产状况。

北宋末年至南宋初年，北方游牧民族的南下和中原地区的战乱纷争，又一次出现了北方人口向江南的大迁移，大量人口的南迁造成了环太湖湿地周边地区人口骤增，以苏州府为例，户数和人口数分别由唐贞观十三年（公元639年）的11895户、54471人递增到宋徽宗崇宁元年（公元1102年）的152821户、448312人，户数与人口数增长率分别为1184.75%和723.03%。耕地资源不足日趋严重，这就促成了宋代环太湖湿地周边地区粮食生产出现了重大转变，即从以往单纯依靠扩大耕地面积追求高产量的生产方式转变到以提高单位面积产量来扩大粮食生产产量的目标轨道上，这一农业生产发展态势的集中体现就是稻麦二熟制的形成和稻作技术的提高。稻麦二熟制和精耕细作技术的形成使得宋朝时期水稻产量获得了大幅度的提高。

唐代南方的水稻亩产量为3石谷或1.5石米，约为现今亩产谷276市斤。宋代环太湖湿地周边区域的水稻亩产量平均约为2.5石，约为现今亩产谷450市斤，亩产相比唐代提高了约174市斤。从区域上看，宋朝时期，黄河流域的水稻亩产约为170市斤，淮河流域的水稻亩产约为178市斤，其他地区水稻亩产平均约为270斤，环太湖湿地附近区域的水稻亩产分别高于这些地区280市斤、272市斤、180市斤，说明宋代环太湖湿地周边区域的水稻生产已经处于全国最高水平（见表3-5）。

表 3－5　唐宋时期太湖地区水稻单产比较

地区		时期	产量	
			古制石/亩	市制斤（谷）/亩
环太湖湿地周边地区	苏州地区	北宋	2～3（米）	360～540
	苏州及嘉兴地区	南宋	2～3（米）	360～540
	湖州	南宋宁宗时	3（米）	540
	浙北及苏南	南宋末年	5～6（谷）	445～534
	平均产量		2.5（米）	450
江南地区	江南地区	唐代	1.5（米）/3（谷）	
其他地区	保州（河北清苑）	北宋真宗天禧	1.8～2（谷）	160～178
	淮河流域	南宋孝宗时	2（谷）	178
	平均产量		1.5（米）	270

资料来源：参见李伯重《唐代江南地区粮食亩产量与农户耕田数》，《中国社会经济史研究》1982 年第 2 期。闵宗殿：《宋明清时期太湖地区水稻亩产量的探讨》，《中国农史》1984 年第 3 期，第 37～50 页。

宋代，经济中心完全转移到当时战事较少、相对较为安定的长江下游地区。宋朝时期，不仅仅是以提高单产为主的集约化经营方式来增加粮食产量，太湖圩田建设、围湖造田并没有停滞不前，相反，由于人口增长的压力和圩田、湖田良好的生产性能，围湖造田运动在北宋中期之后急剧发展，南宋时期封建土地私有制进一步发展加剧了对太湖湿地的盲目围垦，从围垦草滩水荡发展到了围垦江湖水道，“今之田，昔之湖”。到宋元时期围垦太湖的田亩数量有了非常迅速的增长，以至于“江南旧有圩田，每一圩方圆数十里。如大城中有河渠，外有门闸，旱则开闸引江水之利，潦则闭闸拒江水之害，旱涝不及，为民美利”。[①] 湖田围垦对农业总产量的提高是有促进作用的，但是太湖湿地的水面却因围垦而缩减。宋代开始，东太湖湖域开始收缩，东太湖西界的东山半岛开始形成并拓展，东太湖东南界的陆地也开始拓展，这正是人类夺取东太湖水域的结果。粮食生产的繁荣实是刺激人们大规模围湖造田的主要

① 王云五编《范文正公集》，商务印书馆，1937，第 309 页。

原动力，但是，对太湖湿地的盲目围垦破坏了太湖湿地水利系统，也造成了湖面缩小、水域环境发生巨大变化的客观事实，太湖湿地在人类活动的强烈干扰下，湿地水面由唐朝—北宋时期的鼎盛扩展逐步趋向萎缩。[①]

明清时期，环太湖湿地区域的人口持续增长，相关统计数据表明，明朝时期环太湖湿地周边地区的人口约为700万，[②] 超出宋朝时期300万人口的1.3倍，比较明朝弘治、万历年间苏州府、常州府户口数，苏州、常州两府的户口数和人口数呈现递增趋势（见表3－6）。清朝嘉庆年间，环太湖湿地周边地区的人口增加到2015万人，相比明朝时期增长了2倍左右，对清朝嘉庆、道光年间的苏州府丁口数的分析表明，苏州府的人口密度达到了每平方公里600人以上，并一直呈递增趋势（见表3－7）。

表3－6　苏州府、常州府明朝弘治、万历年间户口统计

时间	弘治四年（公元1491年）		万历元年（公元1573年）	
	户数（户）	人口数（人）	户数（户）	人口数（人）
苏州府	535409	2048097	600755	2011985
常州府	50121	228363	254460	1002779
合计	585530	2276460	855215	3014764

资料来源：苏州市档案馆、常州市档案馆。

表3－7　苏州府清朝嘉庆、道光年间丁口数统计

县　名	嘉庆十五年（公元1810年）人口数（人）	道光十年（公元1830年）人口数（人）
吴　县	1170833	1441753
长洲县	266944	296364
元和县	217837	232331
昆山县	192895	206384
新阳县	130398	148565

① 姜加虎、窦鸿身：《中国五大淡水湖泊》，中国科学技术大学出版社，2003，第33页。

② 中国农业遗产研究室太湖地区农业史研究课题组：《太湖地区农业史稿》，农业出版社，1990，第113页。

续表

县　名	嘉庆十五年（公元1810年）人口数（人）	道光十年（公元1830年）人口数（人）
常熟县	364216	188037
昭文县	248998	270562
吴江县	299889	315363
震泽县	360479	313215

资料来源：参见《苏州市志》，江苏人民出版社，1995。

明清时期，耕地的增长速度赶不上人口的增长速度，环太湖湿地周边地区人均占有耕地面积由明代的2.3亩/人，降至清嘉庆十七年（公元1812年）的1.9亩/人，进而降低至嘉庆二十五年（公元1820年）的1.05亩/人。[①] 因此，要想解决人口猛增、耕地数量不足所带来的粮食短缺问题，就必须提高单位面积产量。明清时期环太湖湿地周边区域提高单位面积产量的重要手段就是耕作栽培的精细化，体现在：重视深耕、讲究施肥、精细管理。明清时期精耕细作程度的提高促进了单位面积产量的进一步提高（见表3－8）。

表3－8　明清环太湖湿地周边区域水稻亩产量

朝代	地区	时期	产量	
			古制石/亩	市制斤（谷）/亩
明代	苏州	明末	1～3（米）	290～870
	湖州	明末	1.5～3（米）	435～870
	平均产量		2.3（米）	667
清代	苏州	康熙年间	1.5～3.6（米）	413～990
	湖州	康熙年间	2（米）	550
	平均产量		2（米）	550

资料来源：参见顾人和《太湖地区粮食生产的历史考略》，《经济地理》1987年第4期。

① 顾人和：《太湖地区粮食生产的历史考略》，《经济地理》1987年第4期，第307～312页。

明清环太湖湿地周边区域水稻亩产量的数据（见表3-8）说明，明清时期由于环太湖湿地区域的精耕细作程度大为提高，水稻单产的提高速度是比较快的，与宋代的单位产量相比，明朝时期增长了48%，清朝时期增长了20%。但是，这种高生产水平并不能解决环太湖湿地周边地区的粮食短缺问题，因为这一时期人口的增长幅度超过了粮食增长幅度。因此，明清时期，尽管限于当时较低的生产技术条件，可以将太湖湿地水面转化为后备土地的数量是较为有限的，但是对太湖湿地的围垦并没有停止，东太湖由于湖滩湿地的迅速发展而成为围垦的重点区域。明朝嘉靖时期（公元1522~1566年），当今吴江市菀坪镇运河以西、吴江市松陵镇吴家港以南许多沿湖水面被围垦，清朝光绪十七年至宣统三年（公元1891~1911年）仅仅20年的时间，东太湖区域被围垦的水域面积就达1160公顷。[①] 新中国成立前夕，太湖湿地的水域面积仅有约2520平方公里。[②]

（二）新中国成立后太湖湿地围垦利用与经济发展

新中国成立后，对太湖湿地的围湖利用并没有停止，新中国成立60年以来，围湖利用面积达200平方公里，其中20世纪80年代之前的太湖湿地围垦面积占了总围垦数量的70%。表3-9的数据表明，从围垦建圩的数量和围垦水面面积指标来看，20世纪50年代分别占这个时期建圩数量、面积的3.2%和2.5%，60年代分别占25.1%和29.7%，70年代分别占67.1%和64.5%，80年代分别占4.6%和3.3%。[③] 这一时期太湖湿地围垦用地是农业用地，用于种植业。

---

① 李新国：《基于RS/GIS的近50年来太湖流域主要湖泊环境变化研究》，中国科学院南京地理与湖泊研究所博士论文，2006，第34页。

② 姜加虎、窦鸿身：《江淮中下游淡水湖群》，长江出版社，2009，第130页。

③ 窦鸿身、马武华、张圣照、邓家璜：《太湖流域围湖利用的动态变化及其对环境的影响》，《环境科学学报》1988年第1期，第2~3页。

表 3-9 20 世纪 50~80 年代太湖湿地围湖利用统计

年代	50 年代	60 年代	70 年代	80 年代初	合计
建圩数（个）	7	39	68	2	116
建圩面积（平方公里）	9.23	67.73	82.16	1.05	159.12

资料来源：中国科学院南京地理与湖泊研究所内部资料。①

1988 年之后，对太湖湿地的围垦并没有停止，仍然围垦了面积约为 10 平方公里的水面，而且围湖利用的内容呈现多元化。太湖湿地从 1988 年至 2003 年，共计减少 9.0226 平方公里②，其中，建设用地面积（取土围堰属于临时性建设工程行为，在本研究中列入建设用地）合计为 4.9249 平方公里，占太湖湿地围垦面积的 54.58%；农业用地面积为 3.4009 平方公里，占太湖湿地围垦面积的 37.69%，但是 98.17% 的围垦面积用于水产养殖，用于农作物生产的比重很小；泥沙淤积形成的湖滩地面积为 0.6968 平方公里。从太湖湿地周边地区行政区域的围垦利用情况来看，苏州市区对太湖湿地水面围垦的面积最大，占环太湖湿地周边地区围垦面积的 79.48%，临时性的工程围堰取土占了相当大的比重。

二 太湖湿地围垦利用过程中资源变动

太湖湿地围垦利用过程中，太湖湿地水面变动是最值得关注的现象。历史文献表明，新中国成立以前，太湖湿地水面已经发生了变动。新中国成立以后不同年代太湖湿地围垦的数量和面积存在显著差异，从围垦建圩的数量和围垦水面面积来比较，20 世纪 70 年代围垦建圩的数量和围垦水面面积最高，其后依次是 20 世纪 60 年代、80 年代、50 年代。太湖湿地水面围垦还存在区域差异，东太湖良好的水土条件成为围垦的重点区域。东太湖水面在 20 世纪 20 年代末期为 275 平方公里，1950 年其

① 中国科学院南京地理与湖泊研究所曾于 1983~1985 年对太湖湿地围湖利用进行了调查研究，采用了 20 世纪 60 年代和 1981 年摄制的太湖流域主要湖泊航拍照片，通过航拍照片和地形图反映的资料，结合现场调查访谈，确定了围湖利用圩区的名称、规模和围垦时间等研究数据，本书采用中国科学院南京地理与湖泊研究所研究资料。

② 殷立琼、江南、杨英宝：《基于遥感技术的太湖近 15 年面积动态变化》，《湖泊科学》2005 年第 2 期，第 139~142 页。

水域面积为226.05平方公里，由于围垦，东太湖水域面积比1916年减少了14.7%。新中国成立以后东太湖围垦活动进入高峰期，20世纪50年代，围垦水域面积为6.28平方公里；20世纪60年代，围垦水域面积为54.96平方公里；20世纪70年代，围垦水域面积为33.37平方公里；20世纪80年代初期，围垦水域面积为0.59平方公里。新中国成立以后的1950～1980年期间，东太湖围垦水域面积为95.2平方公里，围垦面积占太湖湿地围垦面积的59.9%，东太湖成为太湖湿地围垦最为严重的区域，东太湖的湖面在1916年为265平方公里，到20世纪80年代初期仅存163平方公里的湖面。[①] 而水域面积广阔的西太湖是太湖湿地的主体，其建圩面积只有64.11平方公里，仅占太湖湿地围垦面积的40.1%，其中，五里湖的围垦面积3.93平方公里，梅梁湖4.31平方公里，贡湖7.47平方公里，胥湖7.37平方公里。

从1988年至2003年，太湖湿地水面持续减少，但是围湖利用呈现递减趋势，1988年之后，东太湖围垦面积仍约有6.9平方公里，从东太湖的形态和面积的历史演变来看，新中国成立后东太湖水域面积变化强烈，而大范围、大面积的围垦导致东太湖面积萎缩严重。对新中国成立以来太湖湿地水面围垦程度进行分析，这里采用围垦利用强度指标，即不同时期太湖湿地水面围垦面积（S_t，t表示研究的时间段）与太湖湿地原有面积（S）的比值，以Q_t表示，即$Q_t = S_t / S$，得到不同时期太湖湿地以及东太湖围垦利用强度（见表3－10、表3－11）。

表3－10　太湖湿地20世纪不同时期围垦利用强度

年代	50年代	60年代	70年代	80年代及之后
太湖湿地围垦利用强度（Q_t）	0.0036	0.0262	0.0317	0.0004

注：根据中国科学院南京地理与湖泊研究所内部资料进行计算。

① 参见姜加虎、窦鸿身《中国五大淡水湖》，中国科学技术大学出版社，2003，第181页。梁瑞驹、李鸿业、王洪道：《91’太湖洪涝灾害》，河海大学出版社，1993，第101页。

表 3-11　东太湖 20 世纪不同时期围垦利用强度

年代	50 年代	60 年代	70 年代	80 年代及其之后
东太湖区围垦利用强度（Q_t）	0.0278	0.2431	0.1476	0.0057

注：根据中国科学院南京地理与湖泊研究所内部资料进行计算。

数据分析表明，新中国成立以来，太湖湿地围垦利用强度的整体呈现递减趋势，太湖湿地围垦利用最盛时期是 20 世纪 60～70 年代，而 70 年代围垦利用强度最大，短短 10 年之内，太湖湿地围垦利用强度约为 31.7‰。东太湖的围垦利用强度也呈现递减趋势，围垦利用最盛时期也是在 20 世纪 60～70 年代，东太湖 60～70 年代的围垦利用强度分别为 24.31%、14.76%。20 世纪 80 年代之后至 21 世纪初，整个 20 多年里，太湖湿地围垦利用强度迅速降低至 5.7‰，东太湖围垦利用强度低于 1%，从 20 世纪 80 年代初期和 1988～2003 年的围垦情况来看，太湖湿地和东太湖围垦利用强度是持续降低的。

改革开放后，环太湖湿地周边地区的围垦利用强度总体上是低水平的，整个太湖湿地的围垦活动在 2003 年之后已经停止。

三　围垦利用过程中资源变动对经济发展的影响

太湖湿地生态系统是个复合体，其中任何一个子系统的变迁都会导致整个大系统的变化。为了准确评价人类活动干扰后太湖湿地资源变动对经济发展的影响，选择 1976 年、1988 年、2003 年这 3 个年度，对这 3 个时期太湖湿地生态系统服务功能进行价值评价，重点评价太湖湿地的直接使用价值和非直接使用价值，直接使用价值评价是对太湖湿地的水资源供给（生活、生产）、航运、水产品提供等功能进行评估，以 1990 年为评价基准年份，收集环太湖湿地周边地区县市生活及工农业供水、水产品生产、内陆航运等调查统计资料，经济数据来源于环太湖周边地区各县市《统计年鉴》《江苏五十年》《浙江 60 年》和环湖 4 市档案馆调研资料，水资源供给、生物产品生产和内陆航运的生态经济价值单价分别为1.00元/立方米（生活和工业用水）、0.03元/立方米（农业生产）、6680元/吨、0.24元/吨·公里（内陆客运）、0.06元/吨·公里（内陆货运）。货币量的单价均按1990年不变价格计算。非直接使用价值评价是对洪水调蓄、水资源蓄积、土壤持留、水质净化、生境提供和科研教育等功能进行评估。[①] 洪水调蓄功能，利用历史年份年内水位最大变幅来估计太湖湿地调蓄洪水的能力，生态经济价值依据替代工程法进行估价，单价参照水库蓄水成本取0.67元/立方米。水资源蓄积功能，利用历史年份太湖湿地水资源蓄积量估计太湖湿地水资源蓄积能力，生态经济价值依据替代工程法进行估价，单价参照水库蓄水成本取0.67元/立方米。土壤持留功能，根据典型年份太湖湿地年均泥沙淤积量，结合历史年份太湖湿地面积，按照统计比例计算不同历史时期太湖湿地湖泊土壤淤积总量，再按照土壤表土厚度平均为0.5米，土壤容重平均为1.28吨/立方米的单位值进行换算得到该年淤积量，生态经济价值运用机会成本法来估计，采用折合土地的收益作为该年度太湖湿地土壤保持的经济价值，即为评价年度的农业产值与该年度耕地总面积的比重。水质净化功能，通过历史年份太湖湿地面积与太湖湿地单位面积平均磷（P）、氮（N）去除率的乘积得到该年磷（P）、氮（N）去除总量，生态经济价值单价按照生活污水中磷（P）、氮（N）的处理成本进行估算，即磷（P）为2.5元/千克、氮（N）为1.5元/千克。生境提供功能，太湖湿地是太湖流域野生水生生物重要的栖息地，依据Costanza等人的研究成果，结合历史年份太湖湿地面积进行计量。科研教育功能，以历史年份太湖湿地面积为计算基础，生态经济价值的单价参照Costanza评估全球湿地生态系统的文化、科研和教育功能的平均值861美元/公顷和中国学者研究得出的单位面积生态系统平均文化、科研价值382元/

---

① 参见赵同谦、欧阳志云、王效科、苗鸿、魏彦昌《中国陆地地表水生态系统服务功能及其生态经济价值评价》，《自然资源学报》2003年第4期，第443～451页。欧阳志云、赵同谦、王效科、苗鸿：《水生态服务功能分析及其间接价值评价》，《生态学报》2004年第10期，第2091～2098页。

公顷的平均价格计算，单价为3897.80公顷。[①] 经计算，得到太湖湿地历史时期非直接使用价值和生态服务价值量。

太湖湿地历史时期非直接使用价值评价数据表明（见图3－5），在3个不同时期太湖湿地非直接使用价值比较中，太湖湿地水资源蓄积功能>洪水调蓄功能>科研教育功能>生态生境提供功能>水质净化功能>土壤持留功能。其中，土壤持留功能和水质净化功能最低，而水资源蓄积功能价值量最大，一直维持在非直接价值总量的51%～53%。从1976～2003年，非直接使用价值中水资源蓄积功能和洪水调蓄功能价值呈现递减趋势。

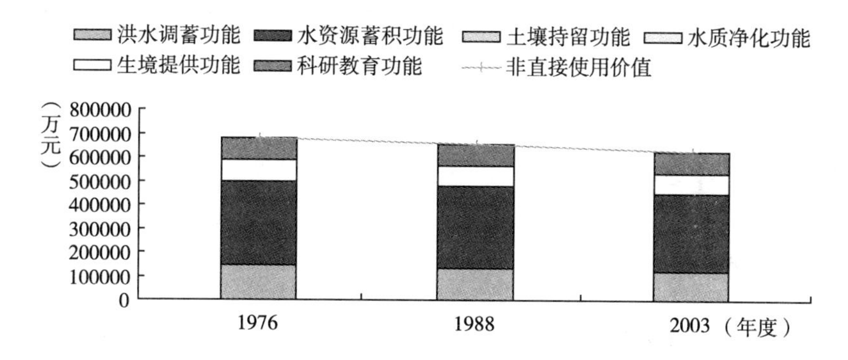

图3－5　太湖湿地历史时期非直接使用价值评价

注：1976年、1988年、2003年太湖湿地面积数据均为调研资料，其中，1976年太湖湿地面积数据来源于苏州市农业委员会湿地保护站卫星遥感数据，1988年、2003年太湖湿地面积数据来源于中国科学院南京地理与湖泊研究所内部资料。

再比较太湖湿地历史时期生态系统服务功能的直接使用价值和非直接使用价值（见图3－6）。太湖湿地历史时期生态系统服务价值评价图的数据表明，从20世纪70年代开始，太湖湿地生态系统服务功能的价值呈现递增趋势，1976年太湖湿地生态系统服务功能的非直接价值为66.77×10^8元，显著高于直接价值，在区域环境中，太湖湿地生态系统服务功能的非直接使用价值起着关键作用。2003年太湖湿地非直接使用价值是水资源供

① 段晓男、王效科、欧阳志云：《乌梁素海湿地生态系统服务功能及价值评估》，《资源科学》2005年第2期，第110～115页。

给（生活、生产）、航运、水产品供给等功能直接价值的2.087倍，这表明太湖湿地生态系统不仅仅为环太湖周边地区提供了直接产品价值，还供给了重要的非直接使用价值，这种价值对社会的贡献显著要高于水资源供给（生活、生产）、航运、水产品供给功能贡献的价值。但是，数据也表明，直接使用价值呈现显著增加趋势，由1976年的8.397×10^8元递增至29.997×10^8元，但是，从1976～2003年，非直接使用价值则持续递减，由1976年的66.77×10^8元降至2003年的62.61×10^8元。

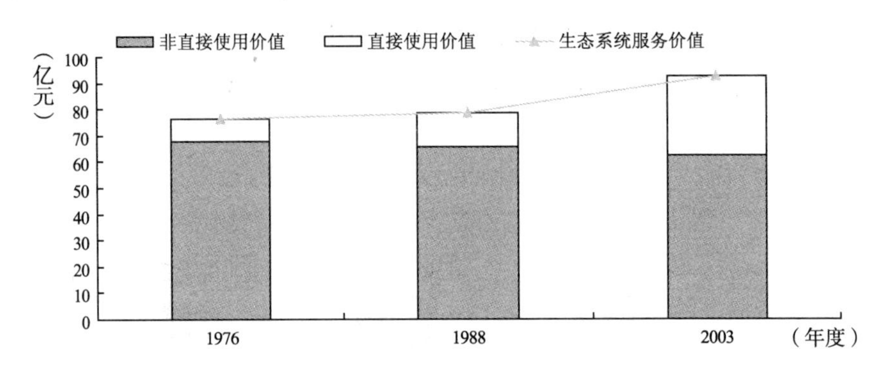

图3－6　太湖湿地历史时期生态系统服务价值评价

对太湖湿地历史时期生态系统服务价值量进行比较的结果表明，人类对太湖湿地水面的围垦利用已经干扰了太湖湿地生态系统。事实上，进入20世纪80年代后，太湖湿地围垦利用强度虽然持续降低，但是人类活动对太湖湿地水面的围垦利用已经干扰了太湖湿地生态系统功能的发挥，围垦的恶果开始发酵（见图3－7）。

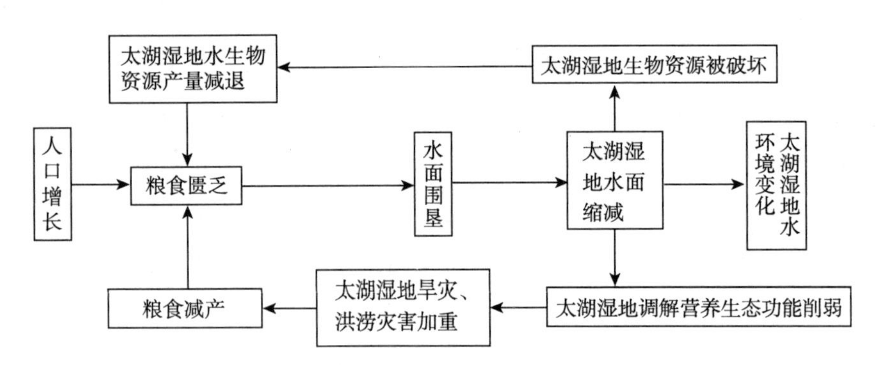

图3－7　水面围垦利用导致太湖湿地资源破坏所引起的恶性循环

图3－7表明，围垦利用造成太湖湿地资源被破坏引起了恶性循环。大规模围垦使得太湖湿地水域面积减少，一方面，降低了太湖湿地的调蓄容积（减少了近2亿立方米），太湖湿地调蓄功能持续下降；另一方面，产生了水域面积减少的滞后效应——太湖湿地水位抬升，太湖湿地洪水上涨率伴随水位抬升也持续不断地增加。西山水文站的数据资料表明，[①] 太湖湿地洪水上涨率由1954年的0.25递增到1983年的0.41。太湖湿地水位超过4米的年份，由20世纪50年代的1次递增至90年代的5次，1999年太湖湿地洪水期间的最高水位比历史记录的1954年4.65米的最高水位还要多出35毫米，而1999年最大90天的区域降雨量却比1954年还要少近200毫米。[②] 新中国成立后围垦最为严重的东太湖区水文变动更为显著，以20世纪50年代的25.5立方米/秒的平均流量为基数，60年代、70年代和80年代的平均流量相比50年代的平均流量分别减少了29.4%、46.3%和76.5%，太湖湿地水域面积的减少是引起水文变动的一个重要因素。

太湖湿地围垦利用所引发的洪水上涨率增大、径流量改变等水文条件的变化加重了洪涝灾害。对环太湖湿地周边地区1954年、1983年、1991年这3个年度洪涝灾害损失统计分析表明，环太湖湿地周边地区洪灾亩均综合损失增长率为4.2%。1991年，环太湖湿地周边地区因洪涝灾害所造成的城镇经济损失、农业经济损失分别约为51.6亿元、45.8亿元（按1980年不变价计），分别占总损失额的53%和47%，农业经济损失中，农作物受灾面积共计531.09万亩，失收面积共计126.09万亩，损失粮食8.86亿斤。[③]

此外，太湖湿地水域面积的减少延长了太湖湿地水体滞留期，太湖湿地水体滞留期由20世纪50～80年代的281天递增到90年代的309天，

---

① 数据来源于中国科学院南京地理与湖泊研究所太湖湖泊生态系统国家野外观测研究站（简称“太湖站”）内部资料。

② 姜加虎、竇鸿身：《中国五大淡水湖》，中国科学技术大学出版社，2003，第184～185页。

③ 梁瑞驹、李鸿业、王洪道：《91’太湖洪涝灾害》，河海大学出版社，1993，第33～79页。

太湖湿地水体滞留期的延长增加了太湖湿地湖水更换周期，加剧了太湖湿地水体富营养化，促使太湖湿地水环境趋向恶性发展。[1]

第五节　环境功能利用

一　太湖湿地的环境功能利用与经济发展

（一）历史时期太湖湿地环境功能利用与经济发展

太湖湿地具有调节功能，能为人类提供水质净化、侵蚀控制、区域气候调节等服务功能和利益，尤其是水质净化功能。相对于水土保持、区域气候调节等服务功能，水质净化功能更与人们的生产、生活活动密切相关。亿万年的地球及其生物发展史表明，湖泊湿地依靠自身的生态系统可以自行修复，所以对湿地的污染在一定程度上是能够自行消化的。在人类开始在太湖湿地进行采集－渔猎经济活动以来的相当长的历史时期里，太湖湿地水质净化功能就为人类提供了福利：净化了人类生产、生活的废弃物，为人类提供干净的水源。人类社会发展史中，我们将人类对太湖湿地这种水质净化功能的利用，称为太湖湿地的环境功能利用。人类对太湖湿地的环境利用必然会与太湖湿地的生态系统产生矛盾，但是这一矛盾在一定的历史时期里由于人类对太湖湿地干预的强度极微小而不突出甚至根本就不显现。

中国在19世纪70年代出现的近现代民族工业，首先是在环太湖湿地周边地区兴起。环太湖湿地周边地区新兴的近、现代民族工业均是建立在该区域具有相当悠久的历史，特别是明清以后该区域逐渐形成的丝、粮、棉三业基础之上的，产业结构上没有发展重工业，而是偏重于轻工业，纺织业占据了产业的最大比重。以湖州市为例，民国初期，湖州市先后建立有织绸厂、丝厂、铁工厂、碾米厂、电厂等一批近代工业，

---

① 秦伯强、胡维平、陈伟民：《太湖水环境演化过程与机理》，科学出版社，2004，第7～9页。

1922年吴兴一县就有大小绸厂70余家，丝织生产进入半机械化，成为浙江省两大丝织中心之一（另一处在杭州）。至新中国成立初期，湖州市工业总产值中，轻工业占94.7%，重工业占5.3%。这个时期的民族工业是在外国资本抢滩中国、占领半殖民地的旧中国市场的夹缝中求生存，轻工业产量相对较低，其排放的污染物应该远远低于太湖湿地环境功能的阈值。

新中国成立前，环太湖湿地周边地区产业以农业为主，存在轻工业，但是对太湖湿地的水质影响不大。以无锡市为例，农业生产所用肥料主要是河泥、草塘泥、绿肥、家积肥、饼肥和鱼粪等有机肥料；无锡的工业主要以缫丝、面粉、纺织、机械修造为主，排除出废水、废弃物和废渣数量不大，且废渣基本上可以再使用。

（二）新中国成立后太湖湿地环境功能利用与经济发展

新中国成立后，环太湖湿地周边地区农业、工业经济发达。农业生产领域，环太湖湿地周边地区农业生产除了增加绿萍、直接还田的秸秆、城市大粪、土杂肥、堆肥等有机肥料的使用，还推广和扩大了无机肥料的使用。以无锡市为例①，1957年无锡市市郊化肥施用总量为43.43万公斤，平均每亩施用化肥4.20公斤；1966年，平均每亩施用化肥为43.25公斤，并以氮素肥为主；1978年平均每亩施用化肥为84.05公斤（这里仅指氮肥），与此同时，农药使用量亦在上升。工业生产领域，1950~1971年，苏州、无锡、常州及湖州地区工业逐步发展、城市人口增长，工业废水和生活污水排入湖中。以无锡市、苏州市和湖州市为例，1949~1957年，无锡城市人口虽有增加，但化工（污染源）生产比重较小，污染度较轻，但是在1958~1965年，冶金、化工等行业先后得到发展，生产比值上升，冶金工业占全市工业总产值的比重由0.44%升至3.82%，化学工业占全市工业总产值的比重由1.26%升至5.6%，医药、金属制品等具有污染源的工业亦由0升至3.82%。与此同时，传统的缫

① 数据来源于无锡市农业委员会内部资料。

丝、纺织工业从占全市工业总产值的58.06%降至52.18%，轻工、食品业（含面粉）从占全市工业产值的24.34%降至18.56%。[①] 苏州市工业部门结构也发生同样的变化，化学工业在工业部门中的比重由1952年的0.2%升至1976年的17.0%，食品工业在工业部门中的比重由1952年的42.6%下降至1976年的9.0%。[②] 新中国成立后湖州市仍以丝绸工业为主的格局相沿，1949年，湖州市丝绸业产值占全部工业行业总产值的28.16%，食品工业产值占49.93%，森林、建材、造纸、机械、化学、电力和煤炭等工业总产值占21.91%；到1978年，食品工业产值比重减至15.31%，其他产业产值比重呈现递增趋势。随着工业生产迅速发展，废水的污染源日益扩大，工业废水排放量日渐增加。[③]

改革开放后环太湖湿地周边地区经济发展进入新时期。1979～1991年，乡镇企业迅猛发展，轻纺工业快速发展，电气机械、电子通信产业因为投资的推动发展较快。从1979年到1991年，环太湖湿地周边区域国民经济中第一、第二、第三产业比重由25%∶59%∶16%变动至15%∶63%∶22%。1991年，苏锡常湖市轻工业与重工业比例分别为63.43%∶3.57%、47.37%∶52.63%、48.45%∶51.55%、72.59%∶27.41%，主导部门为纺织、机械工业（详见表3－12）。1992年之后，产业结构进一步调整，2008年环太湖湿地周边区域国民经济中第一、第二、第三产业比重为5%∶59%∶36%。苏锡常湖市轻工业与重工业比例分别变动至29%∶71%、26.43%∶73.57%、28.91%∶71.09%、44.11%∶55.89%。其中，苏锡常湖市主导产业部门发生变动（见表3－12），黑色金属冶炼及压延加工业、电气机械及器材制造业、通信设备、计算机及其他电子设备制造业、化学工业成为主导工业部门。工业行业中，产业对太湖湿地水质影响的贡献是存在差异的，主要水污染贡献产业分别是化学工业、纺织工业、造纸及纸制品业、有色金属冶金业，其贡献率分别是23.31%、

① 数据来源于无锡市档案馆。

② 数据来源于苏州市档案馆。

③ 数据来源于湖州市档案馆。

21.30%、18.70%和11.89%。[①] 工业化进程的加速，使得务农劳动力加快向工业、服务业转移，土杂肥（绿肥、农家肥料等）积制和施用量逐年减少，增加了对化学肥料的需求。

表3-12 1991年、2008年环太湖湿地周边地区市域主导产业部门

城市＼年份	1991	2008
无锡市	纺织工业、机械工业、黑色金属冶炼及加工业、化学工业	黑色金属冶炼及压延加工业、电气机械及器材制造业、通信设备、计算机及其他电子设备制造业、交通运输设备制造业、化学原料及化学制品制造业、纺织业
苏州市	纺织工业、化学工业、机械工业、电气机械及器材制造业	电气机械及器材制造业、化学原料及化学制品制造业、黑色金属冶炼及压延加工业、纺织业
常州市	纺织业、机械工业、电子及通信设备制造业、电气机械及器材制造业	黑色金属冶炼及压延加工业、电气机械及器材制造业、化学原料及化学制品制造业、纺织业
湖州市	纺织业、非金属矿物制品业、食品加工业、电气机械及器材制造业	纺织业、电气机械及器材制造业、黑色金属冶炼及加工业

资料来源：《苏州统计年鉴》（1992，2009）、《无锡统计年鉴》（1992，2009）、《常州统计年鉴》（1992，2009）、《湖州统计年鉴》（1992，2009）。

环太湖湿地周边地区（以市域为统计单位）人口增长以及城乡人口比例的改变增大了对太湖湿地的环境压力。一方面，城市化率迅速提高，由1978年的30.74%递增至2009年的55.17%，城市人口的增加使得城镇区域迅速扩大，而城市市政设施建设尤其是环保基础设施相对滞后于人口的城乡迁移速度，生活污水处理欠佳；另一方面，城市人口的增加，增加了消费需求，生活水平的提高，也使生活污染的排放增加。城市化进程的加快对农业生产也带来了一定的影响，长期以来，环太湖湿地周边区域农业生产擅长使用农家肥料、绿肥等有机肥，随着城市化进程，卫生设备得到改善，水冲式厕所的大量使用减少了有机肥的来源，而有机肥的减少必定要通过化肥的高强度使用来弥补农田缺失的氮、磷

① 数据来源于江苏省环境保护厅内部资料。

养分。此外，由于城市建设用地的增加，自改革开放以来，环太湖湿地周边地区人均耕地呈现递减态势，人均耕地由1978年的1.12亩/人递减至2009年的0.55亩/人，与此同时，粮食单产却呈现递增态势，粮食单产由1978年的4022公斤/公顷增加至2009年的6970公斤/公顷，粮食单产的提高只能通过加大农业现代化投入（如化肥、农药投入）来获得。

农业结构调整也是不容忽视的问题。1978年以来，环太湖湿地周边区域农业产业结构发生变动，已经由单一的种植业向农、林、牧、渔业全面发展，在太湖周边地区农业内部构成中（见图3-8），小农业（种植业）生产持续萎缩，占农、林、牧、渔业总产值的比重虽然在20世纪90年代中期出现递增趋势，但总体上呈现逐年降低趋势，从1980年的超过55%下降至2008年之后的47%。林业在农林牧渔总产值的比例近30年来总体上呈现递增趋势，但是自进入2000年后基本上维持在4%~5%的水平。畜牧业占农、林、牧、渔总产值比重则呈现先增后减再递增的发展趋势：在1980~1990年间，畜牧业在太湖周边地区农、林、牧、渔总产值的比重从23.24%递增到29.16%；自1991年以来，环太湖湿地周边地区畜牧业发展态势呈现下降趋势，2002年，畜牧业在农、林、牧、渔业比例仅为17.47%，比1980年低了近6个百分点，为改革开放以来太湖周边地区畜牧业发展的历史最低水平；但是在2002~2008年间，畜牧业又呈现递增的发展态势，2002~2008年，畜牧业占农、林、牧、渔总产值的比重平均为19.68%。渔业产值占农、林、牧、渔总产值的比重也存在波动，由1980年的21.14%降低至1995年的16.75%，但是总体上看，环太湖湿地周边地区渔业生产发展迅速，2000~2008年，渔业占农、林、牧、渔总产值的比重平均为27.06%，仍然比牧业所占比重高出近7个百分点，渔业已经成为环太湖湿地周边地区大农业内部结构中继种植业之后最为重要的成分。太湖湿地的围网养殖发展也影响太湖湿地的水环境。太湖湿地的围网养殖区主要是在东太湖湖区，根据太湖渔业生产管理委员会的历史数据，2000年东太湖围网养殖面积为 2833 公顷，同期的东太湖水域面积才为 131 平方公里。

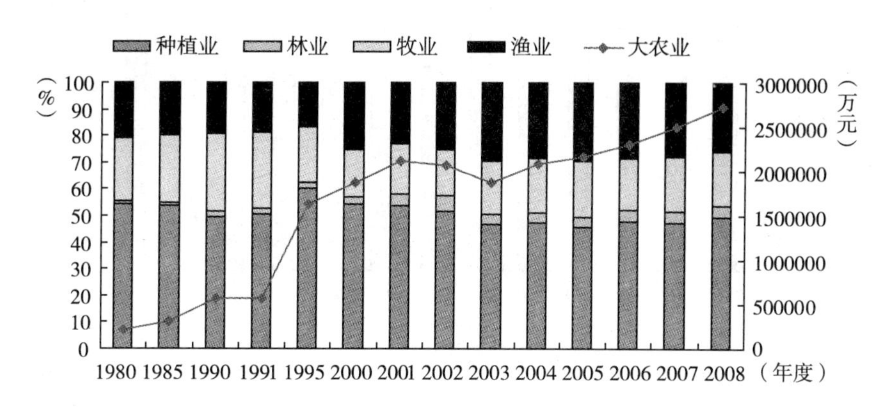

图 3 – 8　太湖周边地区农林牧渔业总产值构成（按照当年价格计算）

注：1993 年统计指标出现调整，将三大指标（粮食作物、经济作物、其他农作物）细分为 11 个大类，2001 年统计指标又出现调整，在 1993 年基础上增加新的统计指标（花卉苗木）。为了确保分析数据的可比性，本书对数据进行处理，将 1993 年之后的“瓜类、蔬菜”和 2001 年之后的“花卉苗木”进入“其他作物”，因此，本书的经济类作物仅包括油料作物、棉花、药材和糖料作物等。

资料来源：根据环太湖湿地周边地区武进市、长兴县、宜兴市等环湖县（市、区）的相应年份统计年鉴、统计公报和江苏、浙江两省的统计资料汇编数据计算整理。

在农作物总播种面积方面，作为环太湖湿地周边地区农业生产主要成分的种植业生产不断调减（见图 3 – 9）。农作物总播种面积从 1980 年的 824.71 千公顷减少至 2008 年的 419.98 千公顷，共减少 400 多千公顷，下降幅度高达 50%。在该区域农作物播种面积减少的过程中，种植业内部成分也发生变动，1980 ~ 1995 年，粮食作物、经济作物和其他作物播种面积在农作物总播种面积的比例相对保持稳定，基本为 7∶2∶1。但在 1995 年之后，伴随着农作物播种面积的大幅下降，粮食作物播种面积在农作物播种面积中的比重也开始降低，2008 年仅为 58.95%，其他农作物播种面积所占比重开始增加，2008 年提高到 30.09%，比 1980 年增加了 18 个百分点。

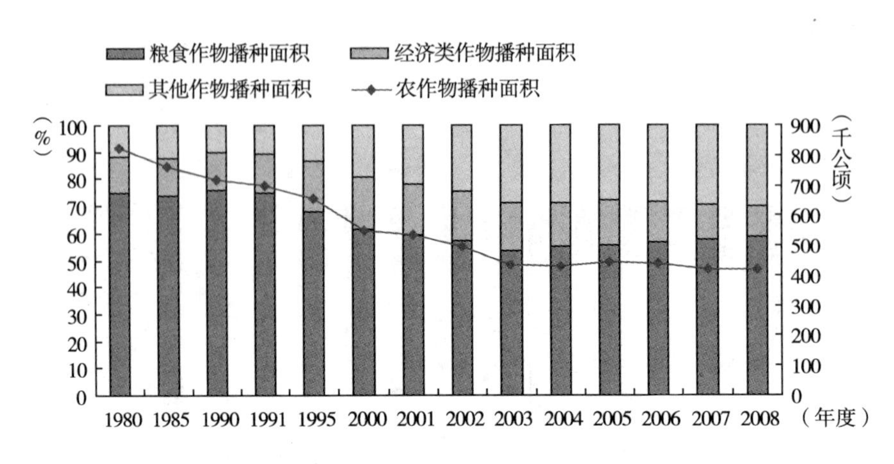

图 3-9　环太湖湿地周边地区种植业结构变动

资料来源：根据环太湖湿地周边地区武进市、长兴县、宜兴市等环湖县市、区的相应年份统计年鉴、统计公报和江苏、浙江两省的统计资料汇编数据计算整理。

上述数据分析表明，环太湖湿地周边地区农业结构发生了调整，农业生产脱离了原有传统的以粮食生产为主的种植结构，种植业在大农业中的份额降低的发展态势使得环太湖湿地区域传统耕作工艺退化，化肥的使用量逐年增加，畜牧业的发展也使得养殖污染日趋严重。

环太湖湿地周边地区市域经济发展直接影响着湿地。本书基于环境库兹涅茨曲线理论，选择环太湖周边地区苏州、无锡和常州市，采用回归模型对苏州、无锡和常州市的人均国民生产总值与这 3 市的化学需氧量（COD）、氨氮（NH_4-N）排放量进行测算。依据数理方程：$Y_t = \beta_0 + \beta_1 \cdot X_t + \beta_2 \cdot X_t^2 + \varepsilon_t$，其中，$Y_t$ 为污染排放量［化学需氧量（COD）、氨氮（NH_4-N］，X_t 为苏锡常市的人均国民生产总值（元/人）。化学需氧量（COD）、氨氮（NH_4-N）① 均包括工业和生活排放；经济数据来源于苏州、无锡、常州市统计年鉴（2001～2009 年）和江苏 60 年资料汇编。通过 EXCEL 软件分析，得到图 3-10 至图 3-15。

① 化学需氧量（COD）、氨氮（NH_4-N）排放量数据来源于江苏省环境保护厅内部资料。

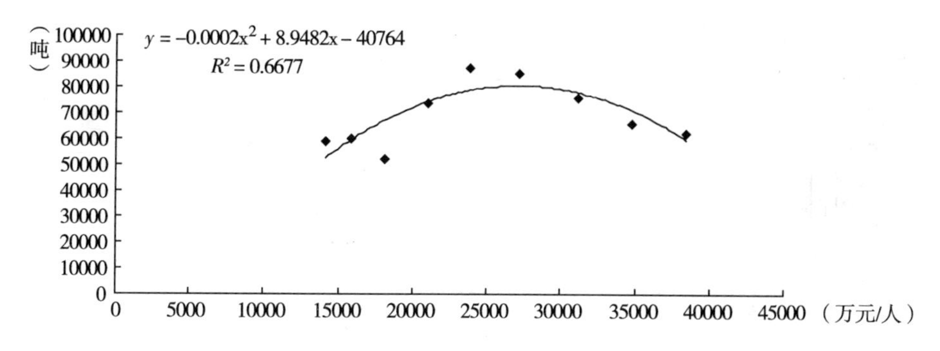

图 3－10　无锡市人均 GDP 与 COD 排放的演变规律

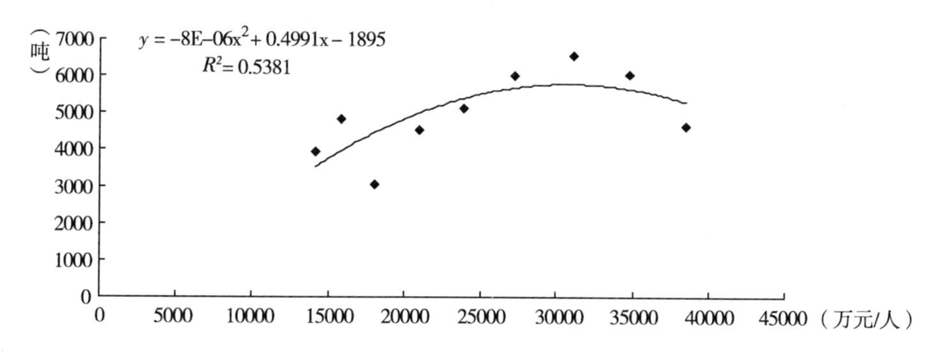

图 3－11　无锡市人均 GDP 与氨氮排放的演变规律

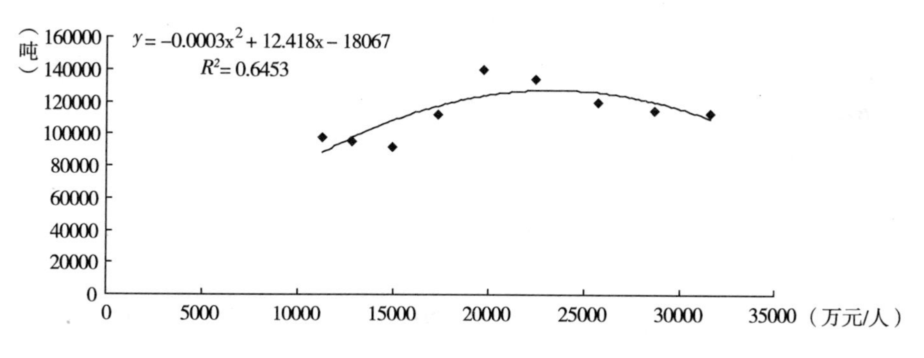

图 3－12　苏州市人均 GDP 与 COD 排放的演变规律

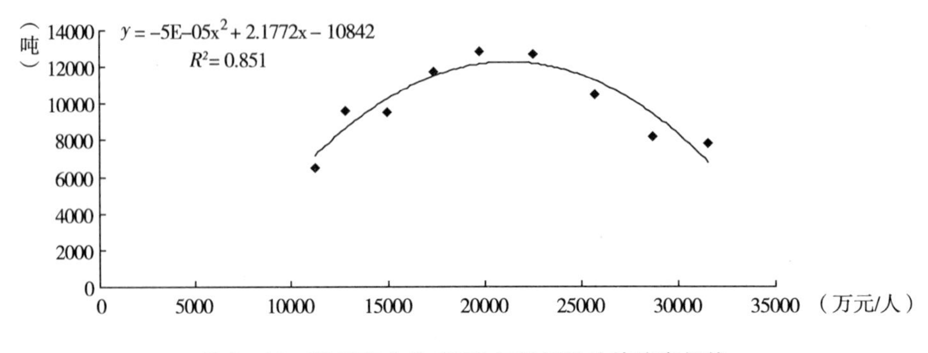

图 3-13　苏州市人均 GDP 与氨氮排放的演变规律

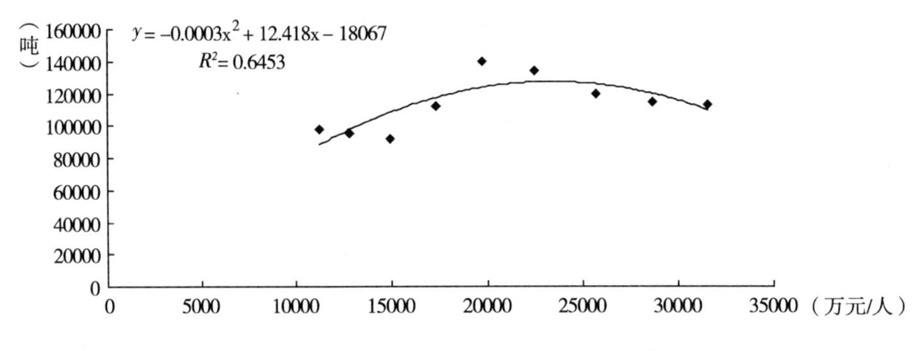

图 3-14　常州市人均 GDP 与 COD 排放的演变规律

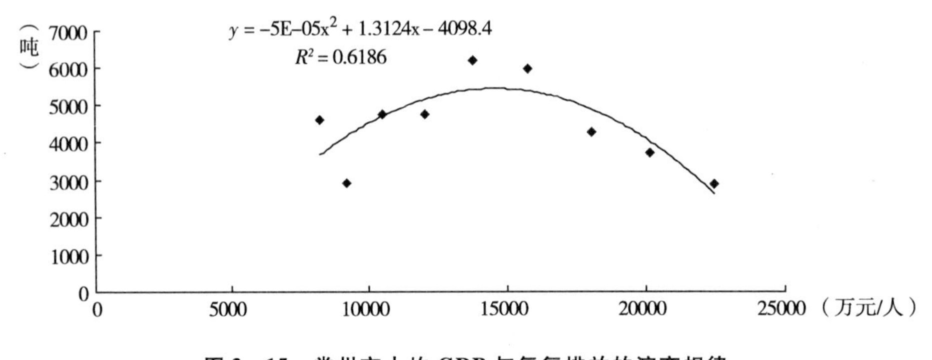

图 3-15　常州市人均 GDP 与氨氮排放的演变规律

对环太湖湿地周边地区主要发达经济体苏锡常市人均国民生产总值和环境污染的实证分析表明，从趋势上来看，无锡市、苏州市和常州市的化学需氧量（*COD*）、氨氮（NH_4-N）排放量与经济发展存在相关性，并且在2001年之后的近10年里由上升转变为下降态势，总体上都呈现倒“U”形状，即在一定程度上，伴随着经济发展，环境污染增加，在前期均出现上升趋势，但是均存在拐点，即经过一时间点后苏锡常市化学需氧量（*COD*）、氨氮（NH_4-N）排放量呈现下降态势，这是因为苏锡常市经济发展水平达到一定阶段后，政府有更多的资金投入到环境保护上，从而加大了对水环境污染治理的力度。

整个流域经济发展引致的污染排放的增加通过水体运动最终也影响着太湖湿地水环境质量。太湖流域人口由1978年的3507.84万人增加到1998年的4377.27万人，2005年人口为4710.1万人，城乡人口比例由1978年的39∶61变动为2005年的63∶37。国民生产总值由1978年的338亿元递增到1998年的253390亿元，2005年为567901亿元（按1978年可比价格）。整个流域人口的增长、城乡人口结构的变动以及国民生产的发展增加了人类活动对太湖湿地的干扰。研究太湖流域主要污染源化学需氧量（*COD*）、总磷（*TP*）、总氮（*TN*）等污染物排放的态势，对于揭示人类活动对太湖湿地水环境的干扰是有必要的。

1. 工业污染源排污

太湖流域是长江三角洲乃至全国经济极为发达的区域，众多企业也在此集聚，这些企业是促进太湖流域经济增长的引擎，也产生了极为严重的点源污染，数据表明（见表3－13），工业污染排放的化学需氧量（*COD*）、总磷（*TP*）、总氮（*TN*）分别为264726吨、508吨、41506吨。

表3－13　太湖地区工业污染排放情况

单位：吨/日

污染物	江苏	浙江	上海
化学需氧量（COD）	205726	58881	119
总磷（TP）	416	92	—
总氮（TN）	35066	6417	23

资料来源：江苏省环境科学研究院内部资料。工业污染排放物的入河系数为1.0。

2. 生活污水产生与入水量

生活污水排放量计算：农村生活污水排放按化学需氧量（COD）21.9千克/人·日、总氮（TN）3.65千克/人·日、总磷（TP）0.55千克/人·日计量；城镇生活污水排放按化学需氧量（COD）21.9千克/人·日、总氮（TN）3.65千克/人·日、总磷（TP）0.62千克/人·日计量。2005年度研究区域内人口经统计农村人口为1516万人，农村生活化学需氧量（COD）、总氮（TN）、总磷（TP）产生量分别为149442.96吨、33209.55吨、1106.98吨；城镇人口1375万人，城镇生活化学需氧量（COD）、总氮（TN）、总磷（TP）产生量分别为180741.21吨、40164.71吨和1506.18吨。

生活污水入水量计算：农村生活污水分散排放，化学需氧量（COD）、总氮（TN）、总磷（TP）入水量按照排放量的10%计量；城镇生活污水有处理过程，因此城镇生活污水入水量按生活污水排放量的90%计量。[①] 总计该区域生活污水入水的化学含氧量（COD）、总氮（TN）、总磷（TP）产生量分别为304212.9吨、50702.15吨、8506.3吨。

3. 船舶污染

根据江苏省太湖渔业生产管理委员会的数据，2005年在太湖水域从事渔业活动的渔村、社区，涉及沿湖江、浙两省的苏州、无锡、常州、湖州4市9个区（县、市）的48个渔村和社区，专业捕捞渔民约为11706户，共计专业渔业人口38761人，入湖从事渔业生产的居民约为12345人，入湖从事渔业生产的渔船约为4362艘，[②] 按照每船4人，且渔民一年中50%的时间生活在渔船上所产生的生活污水、粪、尿等均进入湖体来计量，并按常住农村居民生活污染排放系数进行污染量核算，全年由船只直接排放到湖泊水体中的化学需氧量（COD）、磷（P）、氮

① 李荣刚、夏源陵、吴安之、钱一声：《江苏太湖地区水污染物及其向水体的排放量》，《湖泊科学》2000年第2期，第148页。

② 太湖渔业生产管理委员会内部资料。

（N）分别为 191.06 吨、4.80 吨和 31.84 吨。太湖湖区及整个流域的内河航运发达，通航量约有 20 万条，[①] 按照每船 2 人，其产生的生活废水均进入水体计量，并按常住农村居民生活污染排放系数计量污染量，内河航运船只进入水体的化学需氧量（COD）、磷（P）、氮（N）分别为 8760 吨、220 吨和 1460 吨。合计船舶污染进入水体的污染物量总计为：化学需氧量（COD），8951.06 吨；磷（P），224.80 吨；氮（N），1491.84 吨。[②]

4. 旅游产业发展排污

根据无锡、苏州市沿湖区县宾馆床位的客房出租率来统计[③]，估计每天约有 22000 人游览太湖，生活污水排污系数参照城镇生活污水排放率，按照污水排放量的 90% 来计量入水量，则旅游排放的化学需氧量（COD）、总磷（TP）、总氮（TN）入水量分别为 433.62 吨、12.28 吨和 72.27 吨。

5. 水土流失

太湖流域水土流失面积中，剧烈流失面积约为 56.13 平方公里，极强度流失面积约为 76.69 平方公里，强度流失面积约为 95.90 平方公里，中度流失面积约为 222.68 平方公里，轻度流失面积约为 1185.35 平方公里。[④] 剧烈流失区每年流失土壤 8.0～10.0 毫米，极强度流失区年流失土壤 6.0～8.0 毫米，[⑤] 强度流失区年流失土壤 4.0～6.0 毫米，中度流失区年流失土壤 2.0～4.0 毫米，微度流失区年流失土壤 0.4～2.0 毫米，流失区年流失土壤均取平均值，土壤容重取 1.28 吨/立方米，[⑥] 则太湖流域

---

① 陈荷生、华瑶青：《太湖流域非点源污染控制和治理的思考》，《水资源保护》2004 年第 1 期，第 34 页。

② 袁旭音：《太湖沉积物的污染特征和环境地球化学演化》，南京大学，2003，第 102 页。

③ 客房出租率数据来源于无锡市、苏州市旅游局内部资料。

④ 张磊、孟亚利：《基于 GIS 的江苏省太湖流域水土流失评价》，《江西农业学报》2009 年第 6 期，第 129～132 页。

⑤ 中华人民共和国水利部：《中华人民共和国水利部行业标准土壤侵蚀分类分级标准》，中国水利水电出版社，1997，第 7 页。

⑥ 欧阳志云、赵同谦、王效科、苗鸿：《水生态服务功能分析及其间接价值评价》，《生态学报》2004 年第 10 期，第 2095 页。

每年流失土壤约为4623309吨，入湖泥沙约为622186吨。太湖流域上游区域土壤的化学需氧量（COD）、总氮（TN）、总磷（TP）平均浓度分别为2.15%、0.18%~0.23%、0.032%~0.048%。[①] 经计算，太湖流域水土流失进入湖的化学需氧量（COD）、总氮（TN）、总磷（TP）分别为13353.67吨、1431.03吨和298.65吨。

6. 农田面源污染

农田面源污染根据该区域耕地面积和农田排放系数计量，计算区域农田分类（水田和旱地）统计面积，污染物排放系数采用相关文献数据。[②] 农田化学需氧量（COD）、总磷（TP）、总氮（TN）排放系数分别为120 kg/ha·a、2kg/ha·a、20 kg/ha·a。[③] 太湖流域农田流失的化学需氧量（COD）、总磷（TP）、总氮（TN）入水量分别为143620吨、3534.56吨和40618.45吨。

7. 畜禽养殖排污

畜禽养殖排污入水量根据该区域畜禽养殖数量和畜禽养殖排放系数计量，畜禽养殖数量依据流域各市统计年鉴统计的年末出栏量计量，[④] 畜禽养殖排放系数采用农业部“江苏太湖流域农业面源污染防治研究”课题成果，[⑤] 畜禽粪便和尿排放的污染物流失到水体的比率分别为8%、50%。[⑥] 计算得到2009年太湖流域畜禽养殖污染物排放量为：化学需氧

---

① 中国科学院南京地理与湖泊研究所内部资料。

② 高超、朱继业、朱建国：《不同土地利用方式下的地表径流磷输出及其季节性分布特征》，《环境科学学报》2005年第10期，第1543~1549页。
朱继业、高超、朱建国：《不同农地利用方式下地表径流中氮的输出特征》，《南京大学学报（自然科学版）》2006年第6期，第621~627页。
邵一平、娇吉珍、林卫青：《上海市水环境污染现状以及水环境容量核算研究》，《环境污染与防治》2005年。

③ 江苏省环境科学研究院内部资料。

④ 王方浩、马文奇、窦争霞：《中国畜禽粪便产生量估算及环境效应》，《中国环境科学》2006年第5期，第614~617页。
许俊香、刘晓利、王方浩：《我国畜禽生产体系中磷素平衡及其环境效应》，《生态学报》2005年第11期，第2911~2918页。

⑤ 江苏省农业环境监测与保护站内部资料。

⑥ 张大弟、章家骐、汪雅谷：《上海市郊主要面源污染及防治对策》，《上海环境科学》1997年第3期，第1~3页。

量（COD），74220.74 吨；总磷（TP），5150.76 吨；总氮（TN），20125.19 吨。

8. 水产养殖排污

根据太湖流域各县市统计资料，太湖流域内鱼塘面积为 103832 公顷，鱼塘排污系数采用化学需氧量（COD）为 74.5 千克/公顷，磷（TP）为 11 千克/公顷，氮（TN）101 千克/公顷。[①] 则太湖流域内鱼塘水产养殖排放的化学需氧量（COD）、总磷（TP）、总氮（TN）分别为 7735.48 吨、1142.15 吨、10487.03 吨。据统计[②]，太湖湿地水产养殖约为 20 万亩，集中于东太湖湖区。2005 年围网发展水产养殖鱼、蟹增产量分别为 1090 吨、3850 吨，鱼类主要为刀鲚。参照第一次全国污染源普查水产养殖业污染源产排污系数手册[③]计算化学需氧量（COD）、总磷（TP）、总氮（TN）分别为 242.43 吨、36.73 吨、164.69 吨。流域内水产养殖排污总量分别为：化学需氧量（COD），7977.91 吨；总磷（TP），1178.88 吨；总氮（TN），10651.72 吨。

此外，根据太湖流域环境监测的文献数据，太湖湿地湖面降尘入湖总磷（TP）量为 33.00 吨，总氮（TN）量为 420.9 吨。湖面降雨入湖的化学需氧量（COD）总量为 23595.00 吨，总磷（TP）量为 60.10 吨，总氮（TN）量为 2759.5 吨。[④] 因此汇总计算表明（见表 3 - 14），2005 年太湖地区入水化学需氧量（COD）、总磷（TP）、总氮（TN）分别为 841090.9 吨、19507.33 吨、169778.6 吨。

---

① 李荣刚、夏源陵、吴安之、钱一声：《江苏太湖地区水污染物及其向水体的排放量》，《湖泊科学》2000 年第 2 期，第 148 页。

② 数据来源于太湖渔业生产管理委员会内部资料。

③ 中国水产科学研究院：第一次全国污染源普查水产养殖业污染源产排污系数手册，2010 年 12 月 10 日，http：//www. cafs. ac. cn/。

④ 陈荷生、华瑶青：《太湖流域非点源污染控制和治理的思考》，《水资源保护》2004 年第 1 期，第 34 页。

表 3-14 太湖流域污染物排放量统计

污染物来源	化学需氧量（COD）		总磷（TP）		总氮（TN）	
	污染量（吨/日）	比例（%）	污染量（吨/日）	比例（%）	污染量（吨/日）	比例（%）
工业污染	264726	31.47	508	2.60	41506	24.45
生活污染（生活、船舶、旅游）	313597.6	37.28	8743.38	44.82	52266.26	30.78
水土流失	13353.67	1.59	298.65	1.53	1431.03	0.84
湖面降尘及降水	23595	2.81	93.1	0.48	3179.9	1.87
农田面源污染	143620	17.08	3534.56	18.12	40618.45	23.92
畜禽养殖	74220.74	8.82	5150.76	26.40	20125.19	11.85
水产养殖	7977.91	0.95	1178.88	6.04	10651.72	6.27
总　计	841090.9	100.0	19507.33	100.0	169778.6	100.0

比较表 3-14 中数据，湖面降尘及降水这个非经济发展因素导致的化学需氧量（COD）、总磷（TP）和总氮（TN）污染物在流域污染物排放量比重中分别仅占 2.81%、0.48% 和 1.87%；流域经济发展成为流域污染物排放的主要根源，其中，在化学需氧量（COD）排放中，生活污染源成了主要污染来源，占了排放总量的 37.28%，工业污染和农田面源污染依次为 31.4%、17.08%；总磷（TP）排放中，生活污染源成了主要污染来源，占了排放总量的 44.82%，畜禽养殖和农田面源污染依次为 26.40%、18.12%；总氮（TN）排放中，生活污染源成了主要污染来源，占了排放总量的 30.78%，工业污染和农田面源污染依次为 24.45%、23.92%。2005 年度环太湖湿地周边地区污染物排放量中化学需氧量（COD）、总磷（TP）和总氮（TN）与 1998 年的研究数据相比分别增加了 12.81%、24.97%、55.85%，[①] 太湖地区的污染物排放量呈现递增趋势。生活污染对太湖湿地水环境的影响日益凸显，农田面源污染发展态势也不容忽视。

① 秦伯强、胡维平、陈伟民：《太湖水环境演化过程与机理》，科学出版社，2004，第 25 页。

二　太湖湿地环境功能利用过程中的资源变动

经济发展过程中，人类对太湖湿地环境功能利用所造成的资源变动的最大特征就是太湖湿地水质变动态势。人类发展史上相当长的一段时间内，即在原始农业出现后至传统农业阶段，环太湖湿地周边地区的人们对地力的培植主要采用的肥料是绿肥、踏粪、苗粪、草粪、火粪、禽兽毛羽、石灰、泥粪、人粪尿、沤粪、畜禽粪，而这些肥料产生的农业污染和人们生活产生的污水是在太湖湿地可自我净化的能力范围之内，因此，人类对太湖湿地环境功能利用的影响没有进入社会科学研究的视野。新中国成立以前，虽然存在一些轻工业，但是污染小，太湖湿地的自然空间较广和水的自净能力较强，因此，民国时期太湖湿地的水质良好，属于一级水质。新中国成立后，生产、生活废水入湖量逐年增加，对太湖湿地的水质造成一定影响，1978 年、1979 年对太湖湿地水质的检测数据表明：环太湖湿地周边地区人口增长、工业经济发达、农用化肥和农药使用量的增加对水质产生了影响。20 世纪 70 年代水质变动特征是氨氮含量浓度较 20 世纪 50 年代、60 年代为高，有富营养化趋势，20 世纪 70 年代以后出现藻潮，太湖湿地的底污泥中含铜、锌、铬、硫化物及其他有机物较为明显。根据《中国湖泊概论》给出的 1980 ~ 1982 年间，对太湖湿地等 27 个湖泊湿地水质污染进行监测的资料数据分析，随着沿湖区域经济的增长，人们对太湖等湿地的环境利用造成了大量没有经过处理的工业废水和生活废水直接排入湖泊湿地，污染了湖泊湿地的水域环境，其中 54% 的湖泊湿地受到有机物和营养盐（氮、磷）较为严重的污染。影响湖泊湿地水质的废水量约为 436. 93 万吨/日，占全国厂矿每日排放的 4000 万吨废水量的 10. 9%。污染湖泊湿地的物质包括酚、铬、氰、汞、砷等工业污染物和生活污水中常见的磷、氮等营养物质。由于环湖区域工农业生产的发展程度不同，各个湖泊湿地接纳的废水量存在很大的差异，南昌市郊青山湖的污染相对于太湖湿地更为严重，在一年时间内接纳的废水量就高达湖泊蓄水量的50%以上。[①] 但是，通过对湖泊湿地水质环境的调查研究发现：20世纪80年代初期之前，太湖湿地入湖的废水量相对比较少，接纳废水量相对比较多的湖泊湿地，大多是靠近一些大、中城市的湖泊湿地，如南昌市的青山湖、黄石市的张家湖与大冶湖、武汉市的沙湖和昆明市的滇池草海等湖泊。[②] 因此，太湖湿地沿岸城镇入湖河道虽然遭受到一定程度的环境污染，但是受污染的水量占总出入湖泊河道水量的比例还不是太高。[③] 而且调查报告表明，[④] 太湖湿地属于吞吐型湖泊湿地，来水丰富，年平均吞吐水量约为52亿立方米，太湖湿地容积比较大，湖泊湿地总蓄水量约为44.28亿立方米，太湖湿地年平均交换系数为1.18，即太湖湿地的水每年均可以更新，因此，太湖湿地自净能力强，复氧快，溶解氧的含量饱和率大于90%，水生物净化较好，生物耗氧量较低，还没有达到污染级的程度，水体中的有害物质含量大部分都在标准值的范围内。在20世纪80年代之前，如果按照水域划分，轻污染水域，大多处于沿湖工业经济较为发达的区域，大约占太湖湿地总面积的1%；较为清洁的水域，面积大约为全湖面积的30%，属于3级以上的水质，主要分布于马迹山等沿湖区域；清洁区水域面积大约占太湖湿地面积的69%，水质属于1～2级的主要是太湖湿地湖心区。[⑤] 在太湖湿地各沿岸湖区中，东太湖的富营养在发展程度远低于其他沿岸湖区，而且还保持着全太湖湿地最低的营养水平和最好的水质。

而改革开放后，经济发展引致的污染物排放量的增加干扰了太湖湿地的生态系统，20世纪80年代以来，太湖湿地水环境质量发生强烈的变化，从太湖湿地湖水的化学性质、单项水质指标、水质综合评价结果、

---

① 施成熙：《中国湖泊概论》，科学出版社，1989，第103～105页。

② 金相灿：《中国湖泊富营养化》，中国环境科学出版社，1990，第9页。

③ 中国科学院南京地理与湖泊研究所：《太湖流域水土资源及农业发展远景研究》，科学出版社，1988，第166页。

④ 中国科学院南京地理与湖泊研究所：《太湖综合调查初步报告》，科学出版社，1965，第2～12页。

⑤ 数据来源于无锡市环境保护局内部资料。

水质类别和富营养化变化趋势可以充分发现这个演变态势。

1. 湖水的化学性质

1960年，太湖湿地矿化度值为107.57毫克/升，1980～1981年的矿化度值为157.66毫克/升，出现显著的增加，而从1980～2008年，矿化度值增加了近15个单位值。湖水矿化度年际变化呈现递增趋势，与水量平衡等诸多因素密切相关，但是近几十年来，太湖湿地周边地区人类活动对太湖湿地干扰的加剧促使水化学组成发生变化，矿化度也随之升高。

太湖湿地水体中主要离子的组成，阳离子中以Ca^{2+}、Na^{+}、Mg^{2+}、K^{+}为主，分别占水体中阳离子总量的48.4%、32.8%、13.7%和5.1%；阴离子中以HCO_3^-♂、SO_4^{2-}、Cl^-和CO_3^{2-}离子为主，分别占阴离子总量的65.2%、21.6%、12.9%和0.3%。事实上，主要阴、阳离子的年际变化均出现不同程度的递增趋势，递增速度较快的阴、阳离子分别为SO_4^{2-}和Ca^{2+}，SO_4^{2-}从1960年的8.18毫克/升递增到2008年的79.37毫克/升，SO_4^{2-}是表征高矿化湿地水体中主要的阴离子，该离子浓度的增高，说明太湖湿地水体已经受到工业生产废水和生活污水的严重影响。

2. 溶解性气体与pH值（酸碱度）

化学需氧量（COD）年际变化中，化学需氧量（COD）由1960年的1.90毫克/升升高至1988年的3.30毫克/升，2000年化学需氧量（COD）已经达到5.4毫克/升，2008年化学需氧量（COD）已经递增到6.03毫克/升。化学需氧量（COD）是水体中需氧有机物耗氧指标，化学需氧量（COD）的年际递增态势表明水质持续恶化。pH值（酸碱度）是测量湖泊水域化学和生态因素的重要因子，pH值（酸碱度）的均值由1980年的7.82递增到了2008年的8.31，太湖湿地水域pH值（酸碱度）的增大说明太湖已经遭到酸污染。[①]

---

① 数据来源于中国科学院南京地理与湖泊研究所内部资料。

3. 单项水质变化过程

总氮。1960～2008 年太湖湿地水体中总氮（TN）浓度平均值的演变过程见图 3－16。由图 3－16 可知，太湖总氮（TN）浓度变化趋势总体上呈现为先递增再递减的态势，20 世纪 60 年代、1980 年、1981 年、1987 年、1991 年、1994 年为国家Ⅳ类以上水质标准，其余年份的总氮（TN）水平均低于Ⅳ类、为国家Ⅴ类水质标准，这表明太湖的氮污染较为严重，但是开始出现缓减态势。1960～2008 年，经历了 1981 年的 2.772 毫克/升、1992 年的 2.87 毫克/升、1997 年的 3.65 毫克/升和 2006 年的 3.17 毫克/升这 4 个峰值，27 年来总体上升了 157.5%。1997 年之后，环太湖湿地周边地区实施了“零点”行动及其他污染控制措施，太湖总氮（TN）浓度大幅下降，由 1997 年的 3.65 毫克/升降低至 1998 年的 2.99 毫克/升，但是 1998 年之后，太湖总氮（TN）浓度又有抬升，不过，太湖湿地总氮（TN）浓度总体趋势是趋向降低的，2008 年，太湖湿地总氮（TN）浓度为 2.57 毫克/升，相对于 1998 年降低了 14%。

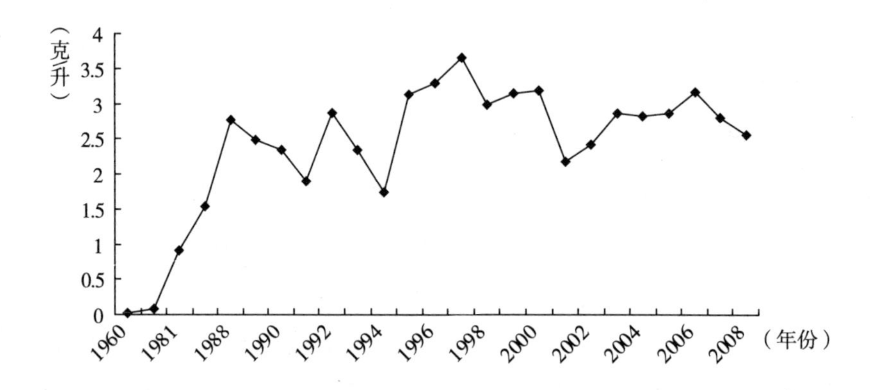

图 3－16　太湖湿地总氮演变过程

注：太湖湿地全湖总氮指标数据是对水利部太湖流域管理局、中国科学院南京地理与湖泊研究所、江苏省太湖水质监测中心站等流域内环保系统对太湖湿地监测的资料进行整理后得到。太湖湿地分湖区总氮、总磷和高锰酸盐指标数据来源于水利部太湖流域管理局水文水资源监测局内部资料。

对太湖湿地分湖区来比较，2001～2009年，五里湖、梅梁湖等湖区总氮（TN）浓度总体上呈现先递增后递减态势。在分析比较的湖区中，2009年，竺山湖的总氮（TN）显著高于其他湖区，东太湖的总氮（TN）浓度值是最低的（见图3－17）。

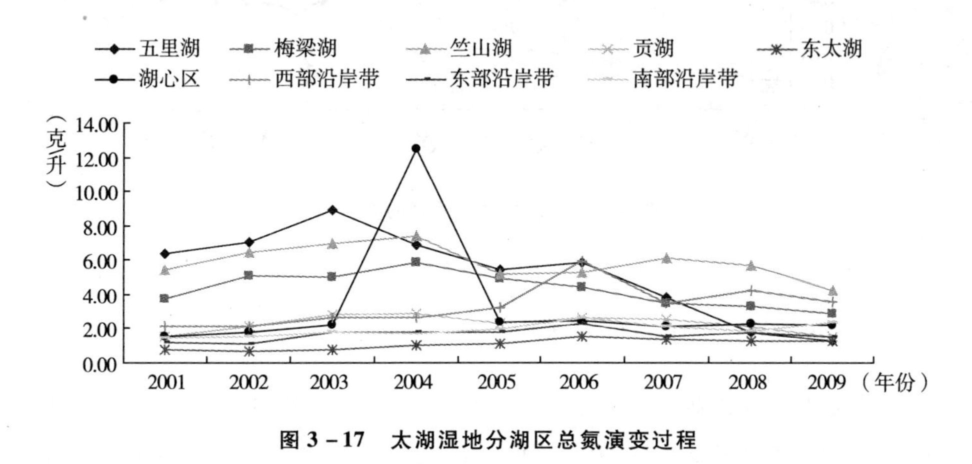

图3－17　太湖湿地分湖区总氮演变过程

总磷。1960～2008年太湖湿地水体中总磷（TP）浓度平均值的演变过程见图3－18。由图3－18可知，太湖总磷（TP）浓度演变总体上呈现为先递增再递减态势。从1960年到2000年，总磷（TP）浓度呈现上升趋势，20世纪90年代总磷（TP）的数值由60年代的国家Ⅰ类水质标准上升到Ⅲ类标准，2000年总磷浓度为0.121毫克/升，相对于1960年的0.02毫克/升上升了505%，期间经历了4个峰值：1989年的0.071毫克/升，1995年的0.133毫克/升，1997年的0.175毫克/升，2000年的0.121毫克/升。2000年之后出现了2007年0.1毫克/升的峰值，但是相对于2000年降低了17.34%，2008年太湖湿地的总磷（TP）浓度为0.08毫克/升。太湖湿地总磷（TP）污染趋势是降低的。

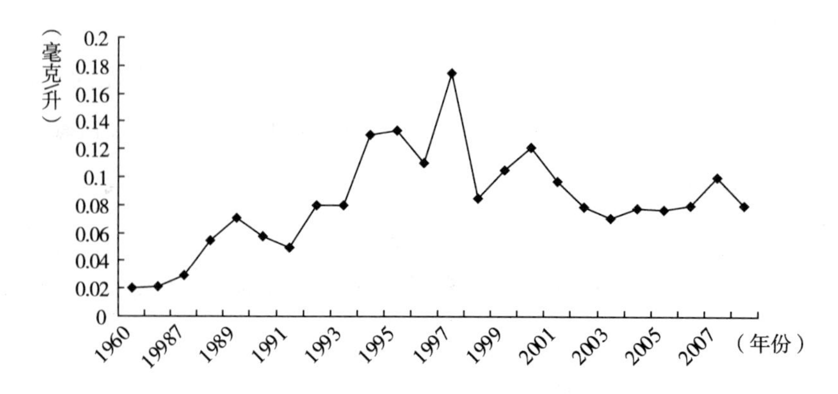

图 3－18　太湖湿地总磷演变过程

注：太湖湿地全湖总磷指标数据是对水利部太湖流域管理局、中国科学院南京地理与湖泊研究所、江苏省太湖水质监测中心站等流域内环保系统对太湖监测的资料进行整理后得到。太湖湿地分湖区总氮、总磷和高锰酸盐指标数据来源于水利部太湖流域管理局水文水资源监测局内部资料。

对太湖湿地分湖区进行比较（见图 3－19），2001～2009 年，五里湖、梅梁湖等湖区总磷（TP）浓度总体上呈现先递增后递减态势。在分析比较的湖区中，竺山湖的总磷（TP）显著高于其他湖区并呈现两个凸值，而东太湖的总磷（TP）浓度值是最低的。

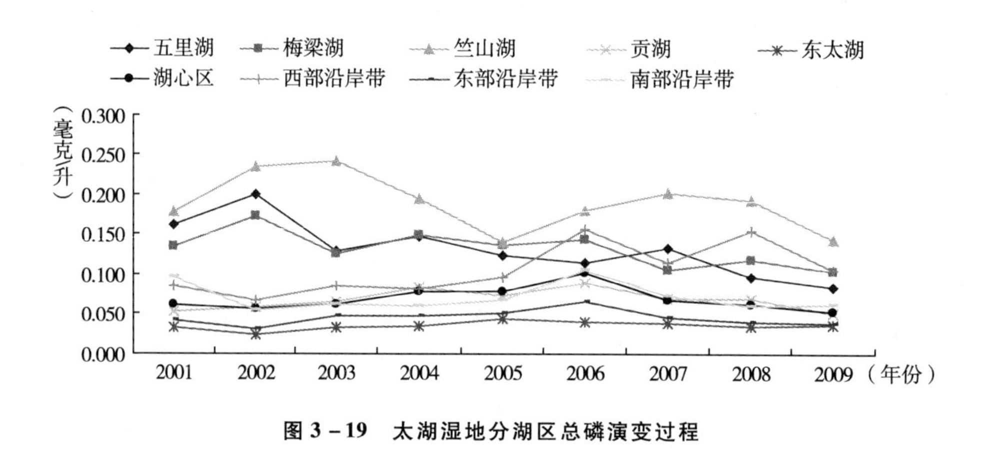

图 3－19　太湖湿地分湖区总磷演变过程

高锰酸盐指数。1960～2008 年，太湖湿地水体中高锰酸盐（COD_{Mn}）浓度平均值的演变过程见图 3－20。由图 3－20 可知，太湖湿地高锰酸盐（COD_{Mn}）浓度演变总体上呈现先递增后递减的态势。从

1960年到2008年，高锰酸盐（COD_{Mn}）浓度呈现上升趋势，高锰酸盐（COD_{Mn}）的数值由20世纪60年代的1.9毫克/升上升到2008年的4.4毫克/升，相对于1960年的1.9毫克/升上升了131.57%，期间共计经历了5个峰值：1982年的3.94毫克/升，1998年的4.2毫克/升，1997年的5.73毫克/升，2000年的5.43毫克/升和2005年的4.9毫克/升。但是，2005年的峰值相对于1998年环太湖湿地周边地区实施“零点”行动前的高锰酸盐（COD_{Mn}）浓度降低了14.49%，2008年的高锰酸盐（COD_{Mn}）浓度为4.4毫克/升，相对于历史时期高锰酸盐（COD_{Mn}）浓度最高峰值降低了23.21%。可见，21世纪之后，太湖湿地高锰酸盐（COD_{Mn}）污染趋势是缓慢降低的。

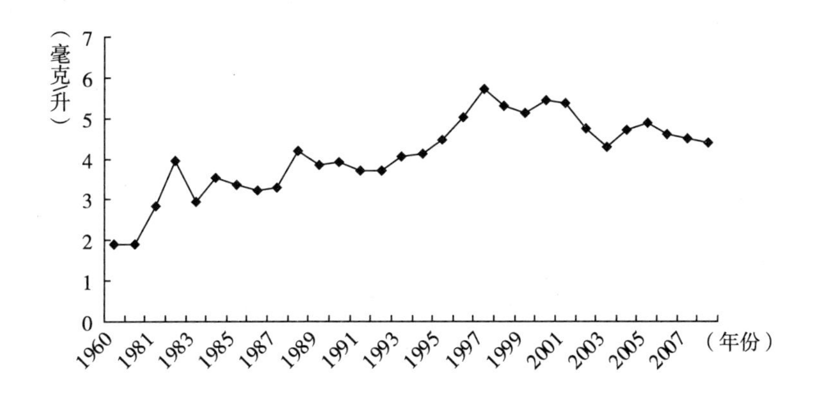

图3-20　太湖湿地高锰酸盐指数演变过程

注：太湖湿地全湖高锰酸盐指标数据是对水利部太湖流域管理局、中国科学院南京地理与湖泊研究所、江苏省太湖水质监测中心站等流域内环保系统对太湖监测的资料进行整理后得到。太湖湿地分湖区总氮、总磷和高锰酸盐指标数据来源于水利部太湖流域管理局水文水资源监测局内部资料。

对太湖湿地分湖区进行比较（图3-21），2001～2009年，五里湖、梅梁湖等湖区高锰酸盐（COD_{Mn}）浓度总体上呈现先递增后递减的态势。在分析比较的湖区中，竺山湖的高锰酸盐（COD_{Mn}）显著高于其他湖区。

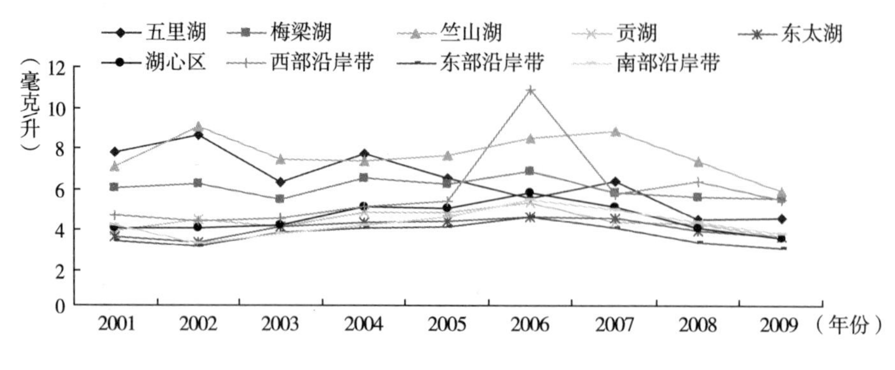

图 3－21　太湖湿地分湖区高锰酸盐指数演变过程

4. 水质综合评价结果（总体分面积）

表 3－15 的数据表明，在 1980 年、1988 年这两个时间段，太湖湿地Ⅱ类水占太湖湿地水体总量的比例都在 50% 以上，Ⅳ类水占太湖湿地水体总量的比例低于 5%，太湖湿地水体清洁度较好。但是进入 20 世纪 90 年代之后，太湖湿地水体质量开始恶化。1990 年，Ⅳ类水已经占太湖湿地水体总量的 30% 以上，1995 年以后，Ⅳ类、Ⅴ类和劣Ⅴ类水在太湖湿地水体总量的比重已经超过了 70%。2003 年以后，Ⅳ类、Ⅴ类和劣Ⅴ类水在太湖湿地水体总量的比重已经达到 90% 左右。2007 年开始，太湖湿地已无Ⅱ类水和Ⅲ类水，Ⅳ类水占太湖湿地水体总量的比例也低于 10%。

表 3－15　太湖湿地水体质量演变情况

单位：%

<table>
<tr><th>年份</th><th>Ⅰ类水</th><th>Ⅱ类水</th><th>Ⅲ类水</th><th>Ⅳ类水</th><th>Ⅴ类水</th><th><Ⅴ类水</th></tr>
<tr><td>1980/1981</td><td>0</td><td>69.0</td><td>30.0</td><td>1.0</td><td>0</td><td>0</td></tr>
<tr><td>1987～1988</td><td>0</td><td>59.4</td><td>36.6</td><td>3.2</td><td>0.8</td><td>0</td></tr>
<tr><td>1990</td><td>0</td><td>13.5</td><td>28.9</td><td>33.3</td><td colspan="2">23.7</td></tr>
<tr><td>1995</td><td>0</td><td>4.1</td><td>17.2</td><td>28.5</td><td colspan="2">50.2</td></tr>
<tr><td>2003</td><td>0.0</td><td>2.2</td><td>7.2</td><td>18.3</td><td colspan="2">72.3</td></tr>
<tr><td>2007</td><td>0.0</td><td>0.0</td><td>0.0</td><td>7.4</td><td>11.5</td><td>81.1</td></tr>
<tr><td>2008</td><td>0.0</td><td>0.0</td><td>0.0</td><td>7.4</td><td>27.2</td><td>65.4</td></tr>
<tr><td>2009</td><td>0.0</td><td>0.0</td><td>0.0</td><td>7.6</td><td>18.5</td><td>73.9</td></tr>
</table>

注：1980 年、1988 年的数据来源于《太湖流域：水环境污染治理对策研究》；1990～2009 年的数据来源于水利部太湖流域管理局水文水资源监测局对太湖湿地水体质量进行跟踪监测的数据。

以总磷（TP）、总氮（TN）和高锰酸盐指数（COD_{Mn}）指标来分析太湖湿地水体质量分布面积变化情况（见表3－16），从1988年到2005年，太湖湿地水体中总磷（TP）的Ⅱ类水的水域面积从64.9%递减到0，Ⅲ类水的水域面积从35.1%递减到0，Ⅴ和劣Ⅴ类水的水域面积分别从0递增到25.84%和74.16%；太湖湿地水体中总氮（TN）的Ⅲ类水的水域面积从35.1%递减到25.84%，Ⅳ类水的水域面积从66.2%递增到68.61%，Ⅴ类水的水域面积分别从0递增到5.55%；1980～2005年，太湖湿地水体中高锰酸盐指数（COD_{Mn}）的Ⅰ类水和Ⅱ类水的水域面积从98.8%、1.2%递减到0，Ⅲ类水和Ⅳ类水的水域面积从0递增到99.75%和0.25%。

表3－16　太湖湿地水质分布面积变化情况

指标	年份	占太湖湿地全湖面积比例（%）					
		Ⅰ类水	Ⅱ类水	Ⅲ类水	Ⅳ类水	Ⅴ类水	<Ⅴ类水
TP	1980	—	—	—	—	—	—
	1988	0.0	64.9	35.1	0.0	0.0	0.0
	1995	0.0	0.0	96.2	3.8	0.0	0.0
	2005	0.0	0.0	0.0	0.0	25.84	74.16
TN	1980	—	—	—	—	—	—
	1988	0.0	0.0	33.8	66.2	0.0	0.0
	1995	0.0	0.0	43.2	56.8	0.0	0.0
	2005	0.0	0.0	25.84	68.61	5.55	0.0
COD_{Mn}	1980	98.8	1.2	0.0	0.0	0.0	0.0
	1988	82.2	17.8	0.0	0.0	0.0	0.0
	1995	65.6	30.2	4.2	0.0	0.0	0.0
	2005	0.0	0.0	99.75	0.25	0.0	0.0

注：1980年、1988年、1995年的数据来源于《太湖水资源水环境研究》；2005年的数据来源于江苏省环保厅内部资料。

5. 水质类别

分析上述资料表明，太湖湿地水体质量水质类别，平均每隔大约10年，下降一个等级：20世纪60年代，太湖湿地水体质量属于Ⅰ类－Ⅱ类水体，处于较为清洁状态；70年代太湖湿地的水质向Ⅱ类水发展，仍处于较为清洁状态，但比60年代水质略差；80年代初期，水质平均以Ⅱ类至Ⅲ类水为主，80年代末期，水质全面进入Ⅲ类水，局部存在一定污染；90年代中期，水质平均已经达到Ⅳ类，局部属于重污染；2000年之后，水质主要为Ⅴ类；2007年之后，水质全面进入Ⅴ类水。

6. 富营养化

富营养化过程是影响湖泊湿地管理的主要水质问题。太湖湿地水体环境演变数据分析表明，太湖湿地水体污染较为严重，突出表现为有机污染物污染，总氮（TN）和总磷（TP）是污染极为严重的指标，其结果必然导致太湖湿地的富营养化。太湖湿地水体富营养化的结果将极大降低水体质量状况，严重制约湿地水体功能的发挥。太湖湿地富营养化面积的变化可以说明这个演变过程（见表3－17）。1987～1988年，太湖湿地水体中贫中营养类型面积占太湖湿地水域面积的3.8%，中营养类型面积占70.7%，中富营养类型面积占25.5%。1991年，中营养类型面积占水域面积的比例下降至23.7%，而中富营养类型面积所占比例上升至69.9%，有5.2%的水域面积出现了富营养状态。1995年，0.4%的水域面积出现重富营养化状态。2000年，中富营养类型面积占水域面积由1991年的69.9%下降至16.5%，但是富营养类型面积所占比例却由5.2%上升至83.5%。2006年开始，中营养类型面积占水域面积的比例由23.7%下降至7.4%，中富营养类型面积所占比例上升至92.3%，但富营养类型面积占水域面积下降至0。太湖湿地水体各营养类型面积变化数据表明，太湖湿地富营养化程度趋缓。围网养殖最为严重的东太湖湖区水质也趋向恶化产生了富营养化问题。

表 3－17　太湖湿地水体各营养类型面积所占百分比变化

单位：%

营养类型＼年份	1987～1988	1991	1995	2000	2006	2007	2008	2009
贫中	3.8	1.2	0.3	—	—	—	—	—
中营	70.7	23.7	12.8	—	7.4	18.8	18.8	68.5
中富	25.5	69.9	78.6	16.5	92.6	81.2	81.2	31.5
富	—	5.2	7.9	83.5	—	—	—	—
重富	—	—	0.4	—	—	—	—	—

注：数据来源于水利部太湖流域管理局内部资料。

三　环境功能利用过程中资源变动对经济发展的影响

污染物排放的增加必然加剧太湖湿地环境恶化。对太湖湿地 1987～2009 年水环境损失进行货币计量，评估污染物的排放给环太湖湿地周边地区第一、第二、第三产业造成的损害。根据已有文献对“污染－浓度曲线”的研究，[①] 采用数学模型 $S = k/(1 + A \cdot exp(-B \cdot C))$ 进行计量，[②] S 是指功能损失价值，k 是指水体对某产业的价值贡献，并将公式转化为求 $R = 1/(1 + A \cdot exp(-B \cdot c))$，其中 $c = C/C_0$，A、B 是待定系数，根据选择评价的污染物浓度确定，C 是该年度某种污染物在水体中的浓度值，C_0 是指依据研究要求和相应国家水环境质量标准来决定的环境许可的待研究污染物浓度值。如果研究水域存在多种污染物，则根据概率计算规则计算综合损失率。[③]

对太湖湿地水生生物学和水化学研究数据表明，主要水污染物为磷（P）、氮（N）和高锰酸盐指数（COD_{Mn}），总磷（TP）对水污染的贡献

① 〔美〕L. D. 詹姆斯：《水资源规划经济学》，常锡厚等译，水利电力出版社，1984，第 257～287 页。

② 朱发庆、吕斌：《湖泊使用功能损害程度评价》，《上海环境科学》1996 年第 3 期，第 4～12 页。

③ 陈妙红、邹欣庆、韩凯、刘青松：《基于污染损失率的连云港水环境污染功能价值损失研究》，《经济地理》2005 年第 2 期，第 224 页。

最大，为34.34%~54.34%。[①] 本书研究高锰酸盐指数（COD_{Mn}）、总磷（TP）、总氮（TN）这3种污染物对太湖湿地周边地区农业（种植业、林业和牧业）、渔业、工业、旅游业和生活用水的影响。

参数*A*和*B*参照相关的污染物毒性资料[②]和国家水质标准，结合相关文献研究成果确定。[③] 临界浓度是国家环境保护局颁布、适用湖泊的《地面水环境质量标准》（GB3838~2002）Ⅳ类水质。经计算获得污染损失率（见表3-18）。

表3-18 历史时期太湖湿地水质恶化的功能损失率

单位：%

年度	渔业	生活用水	旅游业	农业	工业
1987	1.94	1.70	1.39	0.51	0.51
1990	2.35	2.89	3.60	0.54	0.54
1995	3.09	5.81	10.81	0.57	0.57
2000	3.13	5.87	11.12	0.63	0.63
2005	2.72	4.23	6.87	0.60	0.60
2009	2.58	3.71	5.51	0.56	0.56

结果表明，渔业、生活用水、旅游业、农业和工业的损失率在1987年、1990年、1995年和2000年这4个时期时呈现上升趋势，其中，旅游业的污染损失率最高，其次是生活用水、渔业。2005年和2009年污染损失率呈降低趋势，但依然高于1990年的污染损失率。

环太湖湿地市域农业（种植业、林业和牧业）、工业、旅游业的价值为相应历史年份的产值；生活用水为环太湖湿地周边地区的生活用水量与水费的乘积，水费单价参照全国平均供水价格是1.4元/立方米；渔业产值来源于太湖渔业生产管理委员会的内部数据；经济数据来源于环

---

① 成芳、凌去非、徐海军、林建华、吴林坤、贾文方：《太湖水质现状与主要污染物分析》，《上海海洋大学学报》2010年第1期，第105~110页。

② 汪晶：《环境评价数据手册》，化学工业出版社，1988，第90页。

③ 朱发庆、高冠民：《东湖水污染经济损失研究》，《环境科学学报》1993年第2期，第218页。

湖各市统计年鉴，旅游经济数据来源于苏州市旅游局内部资料。各项功能价值及其损失数据分别详见表3-19、表3-20。

表3-19 历史时期太湖湿地功能价值

单位：万元

年度	渔业	生活用水	旅游业	农业	工业
1987	3266	13518	—	987738	9121546
1990	6211	24013	170662	1070267	13376416
1995	22053	43553	493900	1507262	43198108
2000	32550	45133	1418800	1792454	73999261
2005	50071	66909	4321100	2294449	152135738
2009	55544	73497	8409100	2586020	263435598

表3-20 历史时期太湖湿地水质恶化损失

单位：万元

年度	渔业损失	生活用水损失	旅游业损失	农业损失	工业损失	占GDP比重
1987	63	230	—	5037	46520	1.97%
1990	146	694	6144	5779	72233	2.65%
1995	681	2530	53391	8591	246229	3.59%
2000	1019	2649	157771	11292	466195	4.31%
2005	1362	2830	296860	13767	912814	4.18%
2009	1433	2727	463341	14482	1475239	4.05%

历史时期太湖湿地水质恶化的功能损失率在2005年之后出现递减趋势，但是经济总量持续增加，增大了污染基数，太湖湿地水环境的恶化使得太湖湿地功能价值损失呈现递增趋势。太湖湿地功能价值损失占国民生产总值的比重总体上呈现先递增后递减趋势，2009年功能价值总损失占GDP的比重相对于2005年降低了近0.13个百分点，但是相对于1987年依旧高出2个百分点，太湖湿地水环境趋于恶化的态势对太湖湿地生态系统服务造成了损害，影响了环太湖湿地周边区域经济的可持续发展。

第六节　太湖湿地利用的多样性

一　太湖湿地的综合利用与经济发展

迄今为止，人类社会发展过程中，太湖湿地为活动在太湖湿地附近的先人们提供了福祉，无论是早期原始社会简单饮用水的供给，还是工业化时期产业发展的用水。先人们对太湖湿地的食品利用解决了史前人类生存的需要，使得种族得以延续；人类对太湖湿地的肥力利用解决了农业生产过程中作物生长对水的需求，促进了农业生产；当已经得到发展的农业生产技术仍不能满足人口日益增长所产生的食物需求时，人类对太湖湿地的农业利用，就使得扩大耕地数量成为解决农业生产瓶颈的方式，人类从而得以继续生存、繁衍；在人类文明产生以来，从人类初期对太湖湿地环境功能的无意识利用到后期充分利用制度、管理的缺陷，将生活、生产排放的废弃物排放到太湖湿地中，将内部成本外部化，降低了经济活动的成本；在人类对太湖湿地利用过程中，太湖湿地为人类生产生活供给了丰富的水资源。由于人们生存与发展的需求不同，在不同的时期，太湖湿地的多种利用方式存在不同的重要程度，内容也日趋丰富。

除了太湖湿地上述直接效益和间接效益外，太湖湿地还为人类提供了盐业、旅游等资源。早在唐朝时期，太湖地区已经成为主要的产盐区，太湖湿地附近的苏州是唐朝的主要产盐区。《新唐书》记载："有涟水、湖州、越州、杭州四场，嘉兴、海陵……十监，岁得钱百余万缗，以当百余州之赋。"① 这充分说明，生活在太湖湿地附近的古人已经充分开发了太湖湿地的盐业资源。太湖湿地丰富的自然景观提供了很好的休憩场所，人类从春秋吴国时期就开始了对太湖湿地景观资源的利用，如吴王

---

① （宋）欧阳修：《新唐书》卷54《志》第44《食货四》，中华书局，1975，第1377页。

阖闾就在太湖以北地区修建了馆娃宫、姑苏台、长洲苑等皇家苑囿，作为休憩场所。太湖湿地周边的先民对太湖湿地资源的长期利用形成了极具特色的湿地文化：古吴文化、勾吴文化、苏绣文化、桑基鱼塘文化，尤其是先民对太湖湿地长期开发利用形成的桑基鱼塘。桑基鱼塘是把太湖湿地文化、古代勾吴文化与苏南刺绣文化生动地勾连一体的天然媒介和“活化”肌体，其文化链条的内在关系为“太湖湿地－桑基鱼塘－采桑养蚕－织造丝绸－吴高歌舞－刺绣故乡”。太湖湿地为活动在太湖湿地附近的人们生存和该区域社会的可持续发展提供了丰富的直接效益和间接效益，整个太湖湿地史就是人类利用太湖湿地的历史。

人类在享受太湖湿地资源为人类提供的福祉时，也充分意识到对太湖湿地的利用应注意维持生态平衡，认识到对太湖湿地的利用如果违背自然规律、破坏了生态环境，就会受到自然的惩罚。对太湖湿地的高强度围田所引发的增辟耕地和水系循环不畅这个正反两面效果就是例证。太湖湿地的围垦的确增加了耕地，促进了农业生产，但也严重影响了该区域的水利，先民们早已认识到围田使得原有水系循环不畅，“涝则水增溢不已，旱则无灌溉之利”，农民“岁被水旱之患”[①]。“高田常欲水，而不流不蓄，故常患旱。”[②] 2007 年太湖蓝藻水华污染更是大自然对人类滥用太湖湿地的警示：人类粗暴地破坏太湖湿地的生态环境和自然资源，到头来，自然终将以加倍的破坏力来影响人类、改变人类。随着人们收入水平的提高，人们的需求日益多元化，开始关注公众健康、资源利用效率、生命支持和人的身心恢复。人们要求通过工程技术措施、制度安排来满足人们日益增长的对安全用水和基本的卫生条件的需求，“环境恢复项目会得到回报，因为人们的健康水平会提高，家庭会更加稳固，成千上万的公民将投身到经济生活的洪流中……”[③]。从经济意义上讲，

---

① 《四库全书珍本初集》编委会：《庄简集》卷 11《乞废东南湖田札子》，沈阳出版社，1998。

② 宗菊如、周解清：《中国太湖史》，中华书局，1999，第 368～369 页。

③ Eisenbud M., *Environment Technology and Health*, New York University Press, 1978, p. 43.

保护公众的健康是值得的。[①]

随着时间的推移，人类拥有的物质财富增加了，但也付出了代价。地球上相当多地域的生态系统被改变了，生态失去了平衡，生物多样性正在减少。诚然，人类文明是不可能与史前人类所处的生态系统相容，但是，的确有一些宝贵的东西正在悄悄流失，环境对废物的净化能力以及提供害虫天敌的能力都正在减少；工业增长带来的湖泊湿地污染剧增；现代石化农业的发展造成了无孔不入的残存农药等严重污染。如何有效管理和最大限度利用地球上的资源成为人类不能回避的现实挑战。人们务必思考运用经济学和自然科学的先进思想和手段来更加有效地管理湖泊湿地等自然资源，当然不是反对开发利用自然环境来满足人类的物质需要。资源有效利用应坚持 3 个原则：第一，要发展，通过发展，通过对现存自然资源的利用为人们提供福利；第二，防止浪费；第三，自然资源的利用应是为了多数人的利益，而不是为了少数人的利益，不仅是为了当代人的利益，还要考虑后代的利益。

这一切都要求重新思考太湖湿地的利用战略，重视太湖湿地生态系统服务功能的综合利用。在本书中，对湖泊湿地综合利用的定义要从湖泊湿地生态系统提供资源和人类行为这两个层面来理解。第一，湖泊湿地生态系统提供资源层面：一是湖泊湿地生态系统应处于相对稳定的态势，湖泊湿地资源会有数量的变动，但不会造成生态灾害；二是湖泊湿地资源供给福利多元化，不仅提供生物资源等直接物品，还提供水质净化等生态系统服务，湖泊湿地的利用应具有系统性、综合性，从而获得良好的结构效益。[②] 第二，人类行为层面，湖泊湿地的综合利用应满足

---

① 〔美〕伦纳德·奥托兰诺：《环境管理与影响评价》，郭怀成等译，化学工业出版社，2004，第 3 页。

② 事物的发展并不是单靠数量的增加（数量增加也不能过度），还要依靠结构的优化。唯物辩证法关于促进事物发展的量变、质变规律有两种表现形式：一种是由于数量的变化引起事物性质的改变；另一种是由于排列顺序即结构的变化而引起事物性质的改变。在对资源配置过程中，结构优化了，才能使资源得到合理的配置和有效地利用。本书所指结构效益就是指湖泊湿地资源合理配置的效益。

人类的生存需求、发展需求甚至享乐型需求。[①] 满足生存需求的湖泊湿地利用是人类为维持种族延续而利用湖泊湿地资源；满足发展需求的湖泊湿地利用是对湖泊湿地资源的利用与区域发展进行整合，使得湖泊湿地供给的福利或人类对湖泊湿地的投入与由此带来的机会成本实现边际平衡；满足享乐型需求的湖泊湿地利用旨在提高人类的生活质量，生存需求和发展需求得到满足是实现享乐型需求的湖泊湿地利用的前提，当然也不能否认部分地区的享乐型需求存在的可能性，在经济发达地区，当货币收入达到一定水平后，使得民众具备了享受良好生态环境质量的消费能力，这时，享乐型需求就会得以实现。人类对太湖湿地的综合利用表明，人类开始关注经济系统和生态系统的和谐统一，即人类在开发和利用太湖湿地的自然资源进行物质资料生产时，改变传统的观念，不再把太湖湿地这个生态系统有机体看成是一般的生产对象、静态的自然资源，而是明确太湖湿地的利用实际上是利用生态系统的有生命的有机产物，不仅仅要追求来自于技术上的直接经济效益，同时要重视人与自然合作这一和谐整体中的自然界部分，追求直接经济效益以外的间接经济效益；在获得经济利润和物质财富时，对太湖湿地的利用不能破坏其自然力、滥耗太湖湿地资源，必须要保护太湖湿地的生态环境。太湖湿地生态系统不仅为人类提供了众多减轻人类贫困以及改善人类福祉的服务，比如食物、水资源、纤维和燃料、生物化学品和基因遗传物质的供给等，还提供了与人类福祉紧密相关的服务功能，比如水源的净化与对废弃物的脱毒；气候的调节，即通过吸收和释放生物圈中部分固定碳来调节气候；缓减气候变化，降低温室效应；文化服务，太湖湿地为人类在文化、教育、美学和精神方面提供重要的惠益，并提供了大量旅游和休憩的机会。还要重视生境的保护，随着人类对太湖湿地资源的深刻认识，意识到太湖湿地生物多样性是人类实现可持续发展的微观物质基础，保护生物多样性是人类与自然和谐发展的客观要求。进入 21 世纪之后，

① 李周：《论森林“生态利用”的含义和操作手段》，《绿色中国》1990 年第 4 期，第 1 ~ 4 页。

环太湖湿地周边地区开始重视湿地保护，进行湿地恢复项目和建立湿地保护区，2003 年苏州市对顾家河闸 5.5 公里的太湖湿地沿岸实施了生态湿地恢复一期项目。2007 年 5 月太湖蓝藻暴发引发无锡市供水危机事件后，对太湖湿地生态系统的保护就显得更加紧迫了。以江苏省为例，2007～2009 年，江苏省太湖流域水环境综合治理专项资金立项支持湿地保护与恢复项目 14 项，项目总投资 29413 万元，其中省级专项资金补助 7669 万元，到 2009 年年底通过项目实施恢复流域内湿地面积约 27768 亩。[①] 同时环太湖湿地周边各市、县（市、区）也积极开展湿地保护与恢复，较大的项目有苏州东太湖湿地、无锡环太湖湿地、尚贤河湿地、蠡湖湿地、梁鸿湿地，宜兴东氿、团氿湿地、马公荡湿地、太湖百渎港河口湿地恢复建设工程等（见表 3－21）。在湿地生态恢复建设过程中，湿地公园建设成为太湖湿地保护与恢复的积极措施，如苏州太湖湖滨湿地公园、无锡长广溪湿地公园等，有效地保护与恢复湿地 45000 亩。由此可见，在发展经济的过程中，人类开始关注太湖湿地的生态系统与经济系统的有效整合。

表 3－21　太湖湿地周边市、县（市、区）湿地生态恢复建设工程

项目名称	项目建设地点	实施期限	主要建设内容
吴江东太湖湿地保护建设工程	吴江东太湖	2007～2009 年	改造鸟类栖息地 300 公顷，太浦河水源保护区生态修复 210 公顷，恢复湖岸滩地植被 200 公顷，对主要泄洪通道进行生态修复 60 公顷
无锡太湖亮河湾湿地恢复示范工程（一期）	无锡太湖亮河湾	2008～2009 年	恢复湿地 1100 亩
无锡贡湖大溪港河口湿地恢复工程（一期）	无锡贡湖大溪港	2008～2009 年	恢复湿地 1200 亩
宜兴太湖湖滨（黄渎港－朱渎港）湿地恢复工程	太湖湖滨（黄渎港－郏渎港）	2007～2009 年	恢复湿地 800 亩

① 数据来源于江苏省农业委员会林业局内部资料。

续表

项目名称	项目建设地点	实施期限	主要建设内容
苏州太湖湖滨湿地保护与恢复工程（二期）	吴中区太湖湖滨	2008～2009 年	湿地保护与恢复总面积 5140 亩，北区 1140 亩，南区 4000 亩，其中生态护坡景观林带建设 35 亩；景观生态林带建设 13 亩；漫滩生态林带恢复 12 亩；人工恢复水陆交错带植被 18 亩；人工恢复以芦苇为主的挺水植被 1952 亩；人工恢复浮水植被 616 亩；人工恢复沉水植被 1448 亩；自然恢复区 956.55 亩
无锡新区太科园大溪港河口湿地生态修复二期工程	无锡新区大溪港河口	2008～2009 年	恢复湿地 620 亩
太湖湖滨（大浦港－朱渎港）湿地生态修复工程	太湖湖滨（大浦港－朱渎港）	2008～2009 年	恢复湿地 800 亩
太湖湖滨（沙塘港－邾渎港）湿地生态修复工程	太湖湖滨（沙塘港－邾渎港）	2008～2009 年	恢复湿地 1140 亩
漕桥河生态修复生态工程	漕桥河	2008～2009 年	恢复湿地 1362 亩
大浦港河流生态修复工程	大浦港	2008～2009 年	恢复湿地 223 亩
乌溪港－莲花荡湿地恢复工程	乌溪港－莲花荡	2008～2009 年	恢复湿地 1709 亩
武进区环滆湖湖滨湿地保护与恢复工程	滆湖太滆运河口及夏溪河入湖口湖滨带	2008～2009 年	恢复湿地 2900 亩

资料来源：数据来源于江苏省农业委员会林业局内部资料。

基于对太湖湿地生态系统重要性的认识，对太湖湿地采用的生态修复工程、退渔还湿工程等多项方式扩大了水面，根据对太湖湿地的 2 期卫星遥感影像数据分析，[①] 2009 年太湖湿地的实际水面为 240887.36 公顷，相对于 1976 年太湖湿地水面的 237895.19 公顷，水面增加了 2992.17 公顷，占 1976 年水面面积的 1.25%，这两期的卫星遥感数据均是在平水年，水位基本处于平均水位，因此数据是可靠的。

二　综合利用过程中的资源变动对经济发展的影响

太湖湿地保护与恢复项目的实施对保护太湖湿地生态系统发挥了积极功用。苏州市太湖湿地公园是典型例证。苏州市太湖湿地公园原为太湖湿地东端的“游湖”，游湖湖体原有水域面积为 2.13 平方公里，平均水深 1 米，西出安山嘴与太湖相连，1976 年冬～1977 年春，因围湖造田，湖泊变成陆地，后又在这一地域上开挖鱼塘。苏州太湖湿地公园面积为 368 公顷，其中有鱼塘 276 个，面积为 259 公顷，是太湖湿地极具有代表性的退渔还湿区域。[②] 实施湿地生态恢复工程后，苏州太湖湿地公园涵盖了河流、湖泊、沼泽和人工湿地 4 大类湿地，其中永久性湖泊湿地为 110 公顷。详细评价苏州太湖湿地公园建设后的生态效益：洪水调蓄价值，参照太湖湿地水体深度，取该公园水域蓄水深度平均为 2 米，水域面积为 259 公顷；生态经济价值依据替代工程法进行估价，单价参照水库蓄水成本取 0.67 元/立方米；生境提供功能，依据 Costanza 等人的研究成果，按 3633.6 元/公顷进行货币估价；科研教育功能，生态经济价值的单价参照 Costanza 评估全球湿地生态系统的文化、科研和教育功能的平均值 861 美元/公顷和中国学者研究得出的单位面积生态系统平均文化、科研价值 382 元/公顷的平均价格计算，单价为 3897.80 元/公顷；净化功能，依据湖泊湿地单位面积 N、P 的去除率（3.98t/平方公里、1.86 t/平方公里）来计量，生态经济价值单价按照生活污水中磷（P）、氮（N）的处理成本进行估算，即磷（P）为 2.5 元/千克、氮

① 数据来源于苏州市农业委员会湿地保护站内部资料。

② 数据来源于苏州市农业委员会湿地保护站内部资料。

（N）为1.5元/千克；[①] 生态固碳功能，生态经济价值单价按照炭税法和造林成本法的平均值来计价，即太湖湿地公园每年单位面积固炭价值为6620元/公顷；气候调节功能，生态经济价值单价按照407元/公顷计价；[②] 旅游效益，根据园区规划游客人数和苏州市旅游局的内部数据，每年游客人数为15万人，经济价值单价按照2009～2010年人均综合消费（门票、船票、餐饮、娱乐、购物）按150元/人计算。经估算，太湖湿地公园生态系统服务价值为2974万元，旅游效益占生态系统服务效益的75%，“游湖”在退渔还湿之后的生态系统服务功能的综合价值远远大于退渔还湿之前的渔业产值，根据从湖面纵向以及平行岸线对比监测结果，[③] 太湖湿地公园的生态恢复工程极大地降低了该区域的富营养化程度，水质各项指标在冬季基本维持在Ⅰ类至Ⅲ类地表水水质标准，总氮、总磷浓度在全年平均好于大太湖湿地水域1～2个标准，其他营养盐水平也普遍较低，高等水生植物通过营养竞争和生化抑制作用能明显抑制浮游藻类的生长，提高了水质感观效果，项目区湿地水域的浮游植物种类丰富，但没有形成水华。

人们在太湖湿地利用过程中，开始重视太湖湿地生态系统服务功能的综合利用，人类对湖泊湿地的利用进入新的历史时期。

第七节　综合性评论

在对人类利用太湖湿地历史的描述过程中，分析了经济发展对太湖湿地资源的影响及湿地资源变动对人类社会发展的影响，可以总结出一些经济发展过程中太湖湿地资源利用的基本特征。

① 欧阳志云、赵同谦、王效科、苗鸿：《水生态服务功能分析及其间接价值评价》，《生态学报》2004年第10期，第2096页。

② 谢高地、鲁春霞、冷允法、郑度、李双成：《青藏高原生态资产的价值评估》，《自然资源学报》2003年第2期，第191页。

③ 数据来源：来自于苏州市农业委员会湿地保护站内部资料。

一 随着经济的发展，太湖湿地利用的内容日益丰富

史前文明时期，人类认识和改造自然的能力相当低下，只能被动性地去获得自然界的物质资源以满足生存的需要。活动在环太湖湿地周边地区的先民的生存空间和存续时间是由太湖湿地资源的所处场所和生物资源丰富度决定的，太湖湿地的食品利用为人类种族的生存和延续提供了丰富的蛋白质来源。随着人类生产工具的改进，人类拓展了对太湖湿地资源的利用领域。刀耕火种－原始农业时代的第一次生产力革命发生后，人类种植的植物、饲养的动物开始成为人类的食物来源，攫取性经济在人类社会生活中的地位开始下降，对于活动于环太湖湿地周边地区的先人们来说，可以通过修筑堤坝、改进灌溉技术等能动性的改造物质世界的方式来从太湖湿地中获取资源，充分利用太湖湿地的水资源的肥力特征来发展农业生产，一直到当代，太湖湿地的肥力利用一直存在。在传统农业社会时期，随着环太湖湿地周边地区人口持续增长，凸显的人类生存危机使得扩大耕地成为解决粮食问题、延续种族的可选方式。人类社会发展的需要促使经济进一步发展，经济的发展需要自然物质资源的供给，当自然界供给的资源由于资源属性形成了资源供给的瓶颈、不能满足人类生存发展的需要时，在农业生产工具革新、生产技术提高的前提下，人类开始能动性地改造资源的属性，通过对太湖湿地水域围垦将水面转化为土地资源，对太湖湿地的围垦在先人们长期的生产实践中逐渐开展起来，最终成为扩大耕地、增加粮食生产的必然选择。等到人类社会发展到更高阶段时，人类发展第一、第二、第三产业以满足人类社会物质、精神生活的需要，人类认识到太湖湿地“公共资源”的特性，可以充分地利用太湖湿地水质净化功能，极大地降低经济发展成本，太湖湿地就成了人类社会经济发展的污水池。随着环太湖湿地周边地区人类社会的发展，经济发展给太湖湿地生态环境带来的负面作用日益凸显，进步了的人类社会产生了新的消费需求，希望能从太湖湿地获得干净的水源、舒适的休憩等产品和服务，太湖湿地的利用方式更趋向实现

可持续的多元化，而不再是简单地向太湖湿地索取资源，人类开始更关注太湖湿地生态系统的系统、综合利用。在经济发展过程中，有一些利用方式并没有简单地退出太湖湿地利用历史，在适应人类社会发展的需要时会再次萌发生机，这些方式蕴含在人类利用太湖湿地的集合里，成为协调太湖湿地资源可持续利用与人类社会经济发展的生态大系统中的一个有机成分。在太湖湿地的利用史中，人类对水资源的利用是一条永恒的主线。

现在，活动在太湖湿地周边地区的人类对太湖湿地的利用可以在原来细分研究的基础上归纳为 4 种基本类型：食品利用、资源利用、环境功能利用和生态系统综合利用。资源利用就是对太湖湿地水资源的利用，太湖湿地利用历史中出现的肥力利用、围垦利用和一直存在的水资源利用都被界定为对太湖湿地供给的水资源的利用，利用的功能对象是相同的，只是利用的具体方式存在差异性。前文已经分析了在人类对太湖湿地的利用活动中，不同的时期对太湖湿地的多种利用方式。不同时期的太湖湿地食品利用、资源利用、环境功能利用、生态系统综合利用等多种利用方式都是活动在太湖湿地周边区域的人们根据已经掌握的经验、知识、信息和技能，基于比较优势，做出的最理性的选择，[①] 也是与环太湖湿地周边区域文明进程相一致的。

二　太湖湿地资源环境与经济发展共存于一个大系统中

人类对太湖湿地利用的历史表明，太湖湿地资源环境与经济发展是生态大系统中的两个子系统，相互影响、相互作用。从资源环境视角来看，太湖湿地资源环境是经济发展的基础，人类必须从太湖湿地中攫取自然资源，然后将资源纳入加工环节，在这个物质生产过程中，部分太湖湿地资源转化为产品，进入人类的消费环节，有些部分变为废弃物排放到湖泊湿地环境。太湖湿地良好的资源环境可以为经济的持续增长提

① 李周：《中国天然林保护的理论与政策探讨》，中国社会科学院出版社，2004，第 105 页。

供支持，但是太湖湿地资源环境有个阈值，一旦超过阈值，太湖湿地资源环境就遭到破坏，既会影响人类的健康，也会增加物资资本的维护成本，不利于经济的增长。从经济发展的视角来看，经济的发展可以有更多的货币存量，货币资本的增加为太湖湿地资源环境的改善提供了物质支持，可以促进湿地资源利用技术的创制与革新，并促进人类运用经济和政策方式保护太湖湿地资源环境。当然，太湖湿地资源环境与经济发展共生于整个生态大系统中，必然发生矛盾，即经济发展对太湖湿地资源持续增长的需求与太湖湿地资源供给的有限性。经济发展过程中，人类需求的日益增长与太湖湿地资源环境再生能力的距离日益扩大，经济系统对太湖湿地资源的过度需求会造成太湖湿地资源环境系统的衰竭，与此同时，经济系统产生的废弃物会超过太湖湿地资源环境的自生能力甚至生态阈值，同样会造成太湖湿地资源的衰减和环境退化，太湖湿地资源环境的衰竭将对经济发展产生负面作用，加大经济增长的成本。

三　人类对太湖湿地资源 - 人口 - 生态 - 发展的动态平衡的认识存在过程

人类社会的发展是一个自然的历史过程。太湖湿地提供了大量人类社会所必需的生产资料和生活资料，太湖湿地资源的利用和发展对推动环太湖湿地周边地区社会的文明进步与经济发展发挥了重要的作用。在人类社会发展过程中，人类认识、利用、适应太湖湿地的水平和能力也是有个过程的。

有些太湖湿地利用方式对太湖湿地资源、生态环境系统造成了不利影响，但应看到它给人类带来的福祉，而且比较不同湿地资源利用方式对太湖湿地影响的机会成本，它可能也是破坏性最小的太湖湿地利用方式。例如，太湖湿地的农业围垦利用，会因为可耕土地的扩张影响到太湖湿地的调洪、蓄洪能力，但是它解决了持续的人口增长与粮食增长缓慢的矛盾，满足了人类生存的需求，而且如果不考虑这种“水面→耕地”的资源转变，人口增长诱致的对太湖湿地生物资源的过度索取，可能会造成太湖湿地食物链的中断、生物链的破坏甚至生态系统的崩溃。有些太湖湿地的利用方式是必然的选择，在史前文明时期，人们的生存需求得到解决之前，在没有其他可行的资源替代利用方式时，人们对太湖湿地的生物资源的采集利用就成为必然。有些太湖湿地的利用方式则务必进行调整、规制：人类利用太湖湿地净化功能，将生产、生活的废弃物排放到水体中，实现了经济增长，降低了成本，而一些排放到太湖湿地的废弃物，比如DDT、666，则可以通过食物链，在最终在生物链的顶端，即人类体内积聚，损害人类的健康。更为重要的是，太湖湿地的环境利用总是有个阈值，如果破坏这个阈值，太湖湿地的生态系统就会彻底崩溃，最终这个经济增长的生态成本将由人类承担。当然，人类会认识到人类对太湖湿地的利用对太湖湿地造成的不利影响，只是因为经济发展过程中人类对问题的认识、解决总是有个过程，可能在某个阶段还没有找到解决危机的办法，比如太湖湿地利用的外部成本内部化和规制太湖湿地利用的制度安排等。

四 随着经济的发展，人类开发利用太湖湿地走向成熟

人类对自然规律的认识总有个摸索的过程，既可能行走在正确的方向，也可能在错误的方向中徘徊。人类掌握的知识和经验的有限使得人类在太湖湿地利用过程中对人类需求的满足，具有鲜明的时代印记，人类的需求本身是个不断发展进步的过程，这也必然会反映到太湖湿地资源的变动特征上。人类对太湖湿地利用的历史表明，随着经济的发展，人类活动对太湖湿地生态系统产生了干扰：资源利用方式中，随着经济发展对水资源的需求，太湖湿地周边地区用水量出现波动，最初表现为用水量的增加，也意味着能进入太湖湿地的水量在递减；同样是资源利用方式，由于人口增长的需要，活动在太湖湿地周边地区的先民开始围垦水面，向水资源投入劳动和资本，使其转化为耕地资源，这就使得太湖湿地的水面缩减；环境功能利用方式中，由于整个太湖流域及环太湖湿地周边地区经济的迅猛发展，使得经济发展产生的废弃物增加，尽管

湖泊湿地有一定的自净能力，但污染物排放的增加导致湖体水质日趋恶化；即使是现代工业社会，由于人类物质生活水平的提高，各种利用类型交织在一起，共同对太湖湿地产生影响，太湖湿地资源变动出现了复杂的发展态势，水面、水质、水量的恶性发展同时展现。但是随着经济的进一步发展以及经济发展带来的产业结构的变动，人类开始关注太湖湿地生态系统的综合利用，更关注对太湖湿地利用的可持续性：太湖湿地的水面围垦强度开始降低甚至还出现了退耕还湿、退渔还湿，使水域面积扩大；太湖湿地湖体的富营养化面积开始出现减少，水质指标中总氮（TN）、总磷（TP）和高锰酸盐（COD_{Mn}）等指数开始呈现降低趋势；对太湖湿地水资源的利用开始出现节约利用趋势，入湖水量增加的趋势开始呈现。太湖湿地围垦面积、水质以及水量的变动说明人类对太湖湿地的利用开始走向成熟。太湖湿地利用的历史充分表明，太湖湿地资源变动的过程是时刻伴随着经济发展的，可以初步判断，太湖湿地水质、水面、水量的变动与经济发展之间存在相关性，太湖湿地资源演变背后隐含着经济发展的因素。

第四章　太湖湿地利用走向成熟的实证分析

第一节　太湖湿地利用：模型研究

自然资源是人类生存发展的重要物质基础，科学家们一直在探讨经济发展过程中的自然资源变动，湖泊湿地是重要的自然资源，经济发展过程中湖泊湿地资源变动也引起了国内外学者的关注，对太湖湿地的研究早在20世纪20年代初期就已经开始，许多学者从不同角度对经济发展过程中太湖湿地水量、水质和水域面积的变动进行了研究。对经济发展过程中太湖湿地资源变动的研究经验为本文的研究提供了借鉴。西蒙·库兹涅茨等学者基于发展经济学的观点，即关于经济发展过程中结构效应的研究内容为本文研究方法的选择提供了思路。

一　太湖湿地利用模型的构想

太湖湿地利用历史表明太湖湿地经历了“资源减少－变动减缓－资源增加”的变动过程，太湖湿地水面、水质、水量状况趋于稳定，太湖湿地的生态环境开始呈现良性发展，人类对太湖湿地的利用开始走向成熟。在本书中，用是否“成熟”来刻画经济发展过程中湖泊湿地资源变动的优劣态势，当然这就要求准确定义“成熟”，即准确地刻画人类开发利用下的太湖湿地资源变动。

（一）太湖湿地利用走向成熟的界定

人类对太湖湿地资源的索取，会因为利用方式的不同而导致资源配置存在竞争并产生一系列矛盾，影响太湖湿地的生态系统，进而使得太湖湿地资源产生一系列变动。这些矛盾既存在于相同的利用方式中，又存在于不同的利用方式之间。在相同的利用方式中，以资源利用阶段为例，有农业用水与工业用水的矛盾；有生活用水和产业用水的矛盾；有围垦水面而进行水产养殖和发展种植业的矛盾；等等。在不同的利用方式之间，有鱼类等水生生物资源的采集与水生生物多样性的保护的矛盾；有围垦水面发展农业生产和退耕、退渔还湖的矛盾；有产业发展用水和基于可持续发展需要的生态需水的矛盾；有水环境保护和生产发展产生的排污增加的矛盾；有产业排污与生活用水的矛盾；等等。太湖湿地会因这些不同矛盾的产生和交织在一起并对湖泊湿地生态系统产生干扰而发生资源的变动：水生生物资源的数量减少，太湖湿地水体质量恶化等。

为了准确把握太湖湿地利用活动中太湖湿地资源的变动，就必须抓住太湖湿地资源变动的主要矛盾。“任何过程如果有多数矛盾存在的话，其中必定有一种是主要的，起着领导的、决定的作用，其他的则处于次要和服从的地位。因此，研究任何过程，如果是存在两个以上矛盾的复杂过程的话，就要用全力找出它的主要矛盾。”① 当前，准确描述经济发展过程中太湖湿地利用是否走向成熟的态势，我们可以从湖泊湿地的数量和质量这两个角度去分析人类开发利用下的太湖湿地资源变动，即从水面、水质和水量这三个维度来分析。水体是体现湖泊湿地生态系统机能的重要因素，湖泊湿地的一切生命系统都依存于湖泊湿地的水生态系统中，从湖泊湿地水面、水质和水量这三个维度去探讨太湖湿地利用是否走向成熟，可以较好、准确地把握太湖湿地的发展态势。

1. 水面的含义

水面，即湖泊湿地面积，是从湖泊湿地面积的数量这个角度刻画湖泊湿地水体的动态变化。湖泊湿地面积是维持湿地水体正常运动的重要

---

① 毛泽东：《矛盾论》，《毛泽东选集》第一卷，人民出版社，1991，第296~297页。

能力指标，[①] 湿地面积的大小影响着其发挥调节气候等能力。因此，本书用水面代表湖泊湿地面积，但是鉴于湖泊湿地水域面积受各种因素的影响是动态变化着的，而且本书是用经济学的方法研究经济发展过程中太湖湿地利用是否呈现良性发展，前文论述已经表明，围垦面积的增加使得水域面积减少，因此这里用太湖湿地围垦面积来替代水面指标（本书研究中依然简称“水面”）。在现实条件下，本书用围垦面积的变化来替代水面的变化是可行的选择。

2. 水质的含义

本书在分析中引入水面这个变量，是考虑到湖泊湿地水体的动态变化，此外还要关注静态水的构成。用水质来定量研究湖泊湿地水体环境质量，是将水作为一个静态的与外界隔离状态下的水质要求。湖泊湿地水体环境质量，是指湖泊湿地水环境对人类的生存、繁衍以及社会经济发展的适宜程度。水体环境的质量状况决定了湖泊湿地水体可以发挥何种功能以及功能的大小，受污染的水将危害生物的生存，降低水的生态功能。本书用水质代表湖泊湿地水体环境质量，以定量地反映湖泊湿地水体的好坏。

3. 水量的含义

湖泊湿地的水量也是从湖泊湿地数量这个角度刻画湖泊湿地水体的动态变化，反映了水资源的总规模和水平，对于处于一定流域的太湖湿地来说，该湿地水量受到降雨、蒸发等自然因素和人类生产、生活等社会经济发展因素的双重影响，且人类对太湖湿地干扰强度日益增强。为了从经济学角度准确把握人为因素对湖泊湿地水量的影响，本书用基于人类活动干扰造成的该年度实际流入湖泊湿地的水量来刻画（简称“水量”）。

本书用“成熟”来定义湖泊湿地的水质、水量和水面这三种资源状态的变化。如果经济发展过程中的湖泊湿地水面缩减的趋势减缓甚至出现水面扩大的态势，水质恶化的趋势减缓甚至好转，水量减少的趋势减

---

① Wetzel, R. G., “Land - Water Interfaces: Metabolic and Limnological Regulators, Internationale Vereinigung for Theoretische and Angewandte”, *Limnology*, No. 24, 1990, p. 6 - 24.

缓甚至出现增加的态势，则可以认定，在经济发展过程中太湖湿地利用走向了成熟。

（二）模型研究的总体思路

1. 研究设想

在第三章对太湖湿地利用历史的描述过程中，对太湖湿地有关水面、水质和水量的历史数据进行时间序列分析，这些分类的数据充分表明了经济发展过程中太湖湿地水面、水质和水量的变动态势：水面减少的趋势已经停滞甚至出现水面扩大的态势，水质恶化指标出现递减态势，湿地水量也出现增加的态势。总的来说，太湖湿地水面、水质和水量资源变动态势趋于好转。本章通过太湖湿地水面、水质和水量数据来证明第三章提出的假说。在第三章太湖湿地利用历史描述的基础上通过计量工具构建太湖湿地利用模型。对经济发展过程中太湖湿地是否走向成熟的判断模型构建采用环境库兹涅茨曲线的思想，建立太湖湿地水面、水质和水量的资源库兹涅茨模型。

环境库兹涅茨曲线通过模拟人均收入与环境质量指标之间的变动态势来说明经济发展对生态环境质量变动的影响，即生态环境质量状态在经济发展过程中存在倒“U”形曲线，先是趋向恶性发展后又向良性发展态势转变。这个倒“U”形曲线的经济学解释就是，在经济发展早期阶段，人类更多关注的是如何实现经济的增长以获得更多的资本来发展生产进而摆脱贫穷，以满足人类对基本生存的需要，对自然环境的间接使用价值关注较少。而且在经济增长的最初阶段，生态环境固有的阈值可以容纳经济增长对生态环境的损害，因而早期经济增长对生态环境的损害不是很严重。随着经济的增长和国民收入的增加，人类的消费需求产生了变化，人类开始关注其生存的自然环境，渴望良好的环境，这时对环境的破坏得到制止甚至开始保护、恢复生态环境。事实上，在资源的利用过程中，同样也存在库兹涅茨曲线效应，[①] 即湖泊湿地资源利用

① 李周、包晓斌：《中国环境库兹涅茨曲线的估计》，《科技导报》2002 年第 4 期，第 57 页。

与经济发展也应具有库兹涅茨曲线的特征。将库兹涅茨曲线假说应用于太湖湿地利用分析应是可行的。可以这样描述：在环太湖湿地周边地区经济发展的早期阶段，人类关注的是太湖湿地对经济增长给予的贡献，因此，太湖湿地水环境遭到破坏，水面因围垦等人类活动的干扰而减少，太湖湿地水量因人类生产发展、生活需求的增加而导致用水量的增加而趋向减少，水质因为经济增长而导致的污染物排放趋向恶化；当经济发展到一定程度，收入水平达到较高的状态时，活动在环太湖湿地周边地区的人们开始关注太湖湿地生态系统服务功能的综合利用，关注太湖湿地生态系统服务功能提供的价值，对水面的利用开始减少甚至通过退耕还湿、退渔还湿来扩大水面，用水效率提高，用水量减少，湖泊湿地的水质问题得到了关注，污染物的排放受到了控制，水质得到了改善，这时，太湖湿地利用走向成熟。本书正是基于资源库兹涅茨曲线理论及相应的研究成果来构建太湖湿地利用模型。

2．研究方法

在拟合经济发展过程中水面、水质和水量的太湖湿地利用曲线时，对估计方程分别采用二次曲线、三次曲线、指数以及对数形式进行估计，根据估计结果分别选择最适宜的拟合方程。估计方法采用多元统计回归分析，计量软件采用 EVIEWS6.0。

3．研究内容

以整个太湖湿地为研究对象可以分析经济发展过程中湖泊湿地利用态势，但是太湖湿地水域面积大，湖泊水体运动复杂，对象定位于整个太湖湿地来进行分析不仅可能分析不是很透彻，还有可能会将各个湖区之间的差异性掩盖，为了更精确地描述经济发展对湖泊湿地资源的影响，本书选择太湖湿地的典型湖区进行分析，只要所选湖区利用走向成熟，就可以认为人类对太湖湿地利用走向了成熟。而鉴于数据的可得性和研究的效果，本书就要选择一个具有代表性的湖区作为研究区域。水利部太湖流域管理局的水文水质监测管理内容表明，太湖湿地分为五里湖、梅梁湖、东太湖、贡湖等多个湖区，在围湖利用过程中，东太湖区一直是重点区域，相对于其他湖区，东太湖区在20世纪90年代之后还存在围垦水面的活动，因此选择东太湖区作为研究对象就可以充分的从水面、水质和水量三个维度进行全面分析。东太湖区是太湖湿地东南隅的浅水草型湖湾，位于北纬30°58′至31°07′、东经120°25′至120°35′，与太湖湿地以狭窄的湖面相通。根据太湖流域水资源综合规划统一要求，太湖流域作为水资源一级区长江区中的二级区，划分为4个三级区和8个四级区。其中4个三级区分别为湖西及湖区、武阳区、杭嘉湖区和黄浦江区；8个四级区分别为浙西区、湖西区、太湖区、武澄锡虞区、阳澄淀泖区、杭嘉湖区以及浦东区、浦西区，其中浙西区、湖西区、太湖区隶属湖西及湖区，武澄锡虞区、阳澄淀泖区隶属武阳区，浦东区、浦西区隶属黄浦江区。[①] 东太湖区位于苏州和湖州之间，受杭嘉湖区和阳澄淀泖区的影响，本书将杭嘉湖区和阳澄淀泖区合并成一个经济区域，以研究该经济区域对东太湖区的影响。根据水利部太湖流域管理局、中国科学院南京地理与湖泊研究所的研究数据以及不同时期的研究资料，[②] 历史时期阳澄区、淀泖区、杭嘉湖区的流域面积、人口、农业人口、农业用地占太湖流域的总量的比例基本上分别维持在32.43%、31.49%、40.11%、42.63%，这个比例成为本书经济计量分析的依据。

（三）数据说明

1. 数据的来源与质量

本书是对太湖湿地利用是否走向成熟进行研究，关注太湖湿地的水面、水质和水量三个维度，研究涉及水面、水质和水量数据以及研究区域的经济数据。人类对太湖湿地的利用有几千年历史，在计量分析时，能够收集到足够长的时间序列数据是最理想的，但是，鉴于有限科学技术的工具，要收集到相当长历史时期的数据是困难的，例如，在确定某一时间段水质数据时，必定要借助相关的检测工具和仪器才能得出科学

---

① 数据来源于水利部太湖流域管理局内部文献资料。

② 许朋柱：《流域N、P营养盐的来源、排放及运输研究》，中国科学院南京地理与湖泊研究所博士论文，2007，第50～68页。

王同生：《太湖流域防洪与水资源管理》，中国水利水电出版社，2006，第17～47页。

的数据，即使是水面围垦面积的核定也是要有科学内涵的，第三章第一节在描述太湖湿地的形成过程中提到了水面变化态势，第四节围垦利用中提到了水面围垦面积，这里有许多文献数据是文人得出的结论，并不是现代科学实证的结果，要在论文的计量分析中使用这些数据是会被质疑的。因此，选择数据分析的时期只能是存在科学计量工具的现代历史时期，新中国成立后这段时期是符合科学研究所需的时间段。第三章对太湖湿地利用历史的描述中也非常清晰地表明，新中国成立后，太湖湿地水面持续减少，太湖湿地水质在改革开放后才开始恶化，危及环太湖湿地周边地区的生态安全；太湖湿地水量变动与人类生产、生产用水变动态势相关，是在新中国成立后尤其是改革开放后随着产业的发展和人们不断迅速增加的需求才出现趋于减少的发展态势的，因此，选择新中国成立后这段历史时期的数据来做计量分析是较为科学、可信的。

水面数据。中科院南京地理与湖泊研究所 1983～1985 年对太湖湿地围湖利用进行了调查研究，采用了 20 世纪 60 年代和 1981 年摄制的太湖流域主要湖泊航拍照片，通过航拍照片和地形图反映的资料，结合现场调查访谈，确定了围湖利用圩区的名称、位置、规模和围垦时间等研究数据，根据这些数据得出不同时期不同湖区的围垦面积。后又收集不同年份（1988 年、1994 年、1997 年、2002 年）的 LANDSAT 卫星遥感图像数据、2003 年 10 月份的航空遥感图像（1∶10000）以及现场调查访谈研究得出太湖湿地面积的时空动态变化数据。根据前文围垦面积使用的可行性分析，本书采用中科院南京地理与湖泊研究所的不同时期的围垦面积数量作为水面研究数据。

水质数据。太湖湿地在 20 世纪 80 年代之前环境问题并不严重。改革开放后，随着环太湖湿地周边地区的工业化进程的加快，环境问题日益凸显，政府成立了水利部太湖流域管理局，对太湖流域的水资源进行管理，太湖湿地也是重要的管理对象。中科院南京地理与湖泊研究所长期从事湖泊水环境研究，建立了太湖湖泊生态系统野外观测研究站，对太湖湿地进行水文、气象、生物、水化学、底质等生态和环境要素的长期监测和调查，是太湖生态环境研究的重要资料数据中心。本书的水质数据来源于水利部太湖流域管理局、江苏省环境监测站的长期观察和监测数据以及中科院南京地理与湖泊研究所太湖湖泊生态系统国家野外观测研究站的观测数据。

水量数据。根据流域补给和流域消耗水量的差值计算流域水量。东太湖区域补给的水量来源包括流域地区降水形成的地表径流和湖面降水补给。流域耗水主要是农业用水、工业用水、居民生活用水、地表蒸腾和湖面蒸腾耗水。农业用水、工业用水、城乡居民生活用水指标数据来源于水利部太湖流域管理局内部资料。人类生产、生活用水形成的回水也要纳入研究范围。

经济数据。杭嘉湖区和阳澄淀泖区的经济数据根据阳澄区、淀泖区、杭嘉湖区的流域面积、人口、农业人口、农业用地占太湖流域相应经济指标的总量的比例进行换算。太湖流域经济数据来源于位于流域内的苏州市、常州市、无锡市、镇江市、杭州市、湖州市、嘉兴市和上海市的统计年鉴《浙江 60 年统计资料汇编》和《数据见证辉煌——江苏 60 年》，由于人口统计口径的变动，在 2005 年之后有些统计年鉴改用常住人口进行统计。为了时间序列变动的一致性，一致采用各市统计年鉴和统计汇编资料中基于户籍人口的统计数据，对于数据不连贯的地区，就全部采用户籍人口统计口径的时间序列数据。国民生产总值数据采用年鉴数据和资料汇编数据，按不变价格计算。

2. 数据的处理

水质数据的处理。为了更好地从经济学角度分析经济发展过程中太湖湿地水质变动，必须选择合适的水质质量指标来更精确地刻画太湖湿地的水质。基于太湖湿地水生生物学和水化学分析基础上的相关研究表明，近几十年来，太湖湿地的主要水污染物是磷（P）、氮（N）和高锰酸盐指数（COD_{Mn}），而总磷（TP）对水污染贡献最大，占全部研究水体污染物的 34.34% ~54.34%，生物指标中的叶绿素 a（Chl - a）与总磷（TP）、高锰酸盐（COD_{Mn}）和总氮（TN）之间也存在显著的正相关性。[①] 进一步分析太湖湿地的水污染态势，将悬浮物（SS）、pH、透明度（SD）、COD_{Mn}和溶解氧（DO）、叶绿素a（Chla）、总磷（TP）、总氮（TN）和氨氮（NH_2-M）分别列入水质理化指标、生物指标和营养盐指标，对这三类指标进行研究发现，太湖湿地的富营养化态势仍然持续发展，而且生物指标中的叶绿素a（Chla）与水质理化指标中的透明度（SD）、高锰酸盐（COD_{Mn}）以及营养盐指标中的总磷（TP）、总氮（TN）、氨氮（NH_2-N）之间相关性较好，尤其是与总磷（TP）、总氮（TN）、高锰酸盐（COD_{Mn}）具有显著的正相关性。[②] 可见，透明度（SD）、高锰酸盐（COD_{Mn}）、总磷（TP）和总氮（TN）是分析太湖湿地水质变动的重要指标。左一鸣采用多元统计中的主成分分析方法，对收集到的太湖湿地11个水质监测站总磷（TP）、生化需氧量（BOD_5）、总氮（TN）和高锰酸盐（COD_{Mn}）等9个水质指标进行耗氧量因子和富营养化因子的比较研究，结果发现9个水质指标中磷、氮所引起的第一主成分所占比重最大，进一步肯定了太湖湿地水体污染的主要形式是富营养化的观点。[③] 而新的研究数据也充分表明太湖湿地的富营养化态势持续发展甚至可能会导致太湖湿地生态系统的崩溃。[④] 可见，太湖湿地水体富营养化发展态势已经成为太湖湿地典型的生态问题。[⑤] 因此，本书研究用太湖湿地富营养化来刻画太湖湿地水质的变动态势，并选择综合营养状态指数作为太湖湿地水质分析指标。目前国内外存在多种评价湖泊湿地富营养化状态的富营养化评价标准，即吉村判定标准，沃伦威德

① 成芳、凌去非、徐海军、林建华、吴林坤、贾文方：《太湖水质现状与主要污染物分析》，《上海海洋大学学报》2010年第1期，第105～110页。

② 张巍、王学军、江耀慈、周修炜：《太湖水质指标相关性与富营养化特征分析》，《环境污染与防治》2002年第1期，第50～53页。

③ 左一鸣、崔广柏、顾令宇、冯健：《太湖水质指标因子分析》，《辽宁工程技术大学学报》2006年第4期，第312～314页。

④ 杨再福、赵晓祥、李梓榕、刘欢：《太湖渔产量与水质的关系》，《水利渔业》2005年第3期，第60～62页。

⑤ 张光生、王明星、叶亚新、朱成东、宋朝霞、周青：《太湖富营养化现状及其生态防治对策》，《中国农学通报》2004年第3期，第235～237页。

负荷量标准，捷尔吉森湖泊营养类型判定标准，相崎守弘湖泊营养程度评分标准，美国康涅狄格州湖泊营养状态评价标准，武汉东湖富营养化评价标准，杭州西湖富营养化评价标准，太湖富营养化评价标准，全国水资源综合规划湖泊营养状态评价标准和中国环境保护部湖泊、水库富营养化评价标准。根据国内外实践，结合太湖湿地实际情况，本书采用中国环境保护部湖泊、水库富营养化评价标准对太湖湿地富营养化状态进行年际演变分析，该指标既有透明度（SD）、高锰酸盐（COD_{Mn}）、总磷（TP）和总氮（TN）这些水质污染分析成分，也有叶绿素 a（Chla）这个生物分析指标，是反映太湖湿地富营养化态势的合适指标。对获取的太湖湿地水质监测数据参照中国环境保护部营养状态指数计算规则[①]进行换算得到太湖湿地历史时期的综合营养状态指数。

太湖湿地综合营养状态指数计算公式为：

$$TLI_{(\Sigma)} = \sum_{j=1}^{m} W_j \cdot TLI_{(j)}$$

其中，$TLI_{(\Sigma)}$ 为太湖湿地综合营养状态指数；$TLI_{(j)}$ 为第 j 种参数的营养状态指数；W_j 则为第 j 种参数的营养状态的相关权重，W_j 是以叶绿素 a（Chla）为参照基准归一化处理后的权重系数。总氮（TN）、总磷（TP）、叶绿素 a（Chla）、透明度（SD）和高锰酸盐指数（COD_{Mn}）这 5 个单项指标的营养状态指数计算公式分别为：

$$TLI(TN) = 10(5.453 + 1.694\ln TN)$$

$$TLI(TP) = 10(9.436 + 1.624\ln TP)$$

$$TLI(Chla) = 10(2.5 + 1.086\ln Chla)$$

$$TLI(SD) = 10(5.118 - 1.94\ln SD)$$

$$TLI(COD_{Mn}) = 10(0.109 + 2.661\ln COD_{Mn})$$

当 $TLI_{(\Sigma)}$ 小于 30，太湖湿地综合营养状态定级为贫营养；当 $TLI_{(\Sigma)}$ 大于或等于 30，且小于或等于 50，太湖湿地营养状态定级为中营养；当

① 中华人民共和国环境保护部：《中国环境质量报告 2007》，中国环境科学出版社，2007，第 93～99 页。

$TLI_{(\Sigma)}$ 大于 50，太湖湿地营养状态定级为富营养；当 $TLI_{(\Sigma)}$ 大于 50，且小于或等于 60，太湖湿地综合营养状态定级为轻度富营养；当 $TLI_{(\Sigma)}$ 大于 60，且小于或等于 70，太湖湿地营养状态定级为中度富营养；当 $TLI_{(\Sigma)}$ 大于 70，太湖湿地营养状态定级为重度富营养。

水面数据的处理。由于距离中科院南京地理与湖泊研究所考察围垦的时间间隔太长以及实际困难，不能对历史时期各年份实际围垦的地点和实际面积进行现场校核，因此根据中科院南京地理与湖泊研究所内部资料确定 1957～2003 年各年的水面数据。

水量数据的处理。研究区域水资源总量，根据降雨量和东太湖区研究区域面积进行计算。研究流域按照太湖流域面积的 32.43% 统计，历年研究流域年平均降水量采用国家气象基准站太湖西山站和苏州站[①]以及苏州市、杭州市、嘉兴市与湖州市统计年鉴的气象数据中的年降雨量的平均值。关于研究区域实际产水问题：在太湖流域水资源三级区中，湖西及湖区水资源总量最大，多年平均水资源总量 81.5 亿立方米，产水模数为 48.9 万立方米/平方公里，产水系数为 0.40；其次是杭嘉湖区，多年平均水资源总量 41.8 亿立方米，产水模数为 56.2 万立方米/平方公里，产水系数为 0.46；最小的是浦东浦西区，多年平均水资源总量 19.3 亿立方米，产水模数为 43.2 万立方米/平方公里，产水系数为 0.39；省级行政区中，浙江省水资源总量最大，多年平均水资源总量 77.9 亿立方米，产水模数为 64.4 万立方米/平方公里，产水系数为 0.48。根据相关研究机构对太湖流域 1980～2000 年水文系列进行的水平衡分析，[②] 湖区多年的年蒸发量实际值为湖区多年年降雨量的 57.7%；陆地多年年蒸发量，包括陆地表面土壤蒸发、植物蒸散发和水体蒸发消耗的水量，实际值为流域多年平均降水量的 59% 进行计算。该项研究表明，太湖流域有 55% 的降水消耗于地表蒸散发，35% 的降水形成地表径流，10% 的降水直接入渗补给地下水，合计 45% 的降水形成水资源总量。因此，研究区

① 国家气象基准站数据来源于国家气象局内部资料。

② 数据来源于水利部太湖流域管理局内部资料。

域湖区因降水形成的补给，产水系数参照 0.40 计量；研究区域（阳澄区、淀泖区、杭嘉湖区）因降水实际形成的产水量，产水系数参照 0.46 计量。关于研究区域实际产业用水、生活用水问题：农业用水，包括农、林、牧、渔等产业用水；工业用水、农业用水量根据农业用水、工业用水指标和工业、农业产值的当年价计算，生活用水根据城乡人口和用水指标进行计算。农业用水指标、工业用水指标和城乡生活用水指标参照水利部太湖流域管理局内部资料，对于 1978～1979 年缺失的用水指标根据 1980 之后用水指标的发展态势进行推算。[①] 关于研究区域实际回水问题：太湖流域农业生产过程中，仍有部分水资源存留，并没有完全消耗掉，工业生产和居民生活排放污水也是水资源的一部分。在太湖流域杭嘉湖、阳澄淀泖分区面积中，阳澄区水田面积占该区面积的 57%，淀泖区水田面积占该区面积的 58%，杭嘉湖水田面积占该区面积的 58%。[②] 研究表明，水田灌溉占农业用水的 95%，水田灌溉用水的 30% 左右回归水体，[③] 农业生产领域的回水主要是考虑水田灌溉回水。太湖流域工业生产的废水排放量可以根据流域工业生产总值和万元产值废水排放量来计算。太湖流域居民生活污水分为城镇人口生活污水和农村人口生活污水。根据第一次全国污染源普查文件，太湖流域属于二区，该区域中，嘉兴、湖州属于二类城市，杭州、苏州属于一类城市。一类城市生活污水量为 185 升/（天·人），二类城市生活污水量为 175 升/（天·人）。[④]

---

① 数据来源于水利部太湖流域管理局内部资料。
王同生：《太湖流域防洪与水资源管理》，中国水利水电出版社，2006，第 164～168 页。
王同生：《对九十年代太湖流域实际和预测用水量的一些分析》，《水利规划设计》2003 年第 3 期。
孙金华：《太湖流域人类活动对水资源影响及调控研究》，河海大学博士学位论文，2006，第87～89 页。

② 侯玉：《太湖流域水文模型》，河海大学博士学位论文，1992，第 3～39 页。

③ 叶寿仁、孙文龙、秦忠：《太湖流域农业经济发展及水资源利用情况的调研》，《中国水利》2003 年第 4 期 B 刊，第 19 页。

④ 中国水产科学研究院：《第一次全国污染源普查水产养殖业污染源产排污系数手册》，http：//www. cafs. ac. cn/，2011 年 1 月 23 日。

城镇居民生活污水排放系数取平均值 180 升/（天·人）。根据相关研究，[①] 农村人均污水排放量按低、中、高收入组划分，分别为 48.1～146.7 升/（天·人）、47.5～73.3 升/（天·人）、26.7～42.9 升/（天·人），平均污水排放量为 71.7±29.2 升/（天·人）。农村居民生活污水排放系数取平均值 71.7 升/（天·人）。

经济数据的处理。上文已述，本书选择阳澄区、淀泖区、杭嘉湖区作为经济研究区域，鉴于流域划分不同于行政区域划分，流域划分是考虑了自然分区（流域、水系、水文地质单元等）及行政区划的界限，并尽可能地保持自然分区的完整性。而根据流域划分，阳澄区、淀泖区和杭嘉湖区涉及苏州、湖州市区、杭州、嘉兴以及上海市部分区域，因此，为了更好的分析，本书根据阳澄区、淀泖区和杭嘉湖区的流域面积、人口、农业人口、农业用地分别占太湖流域的总量的 32.43%、31.49%、40.11%、42.63%，这个比例作为阳澄淀泖区和杭嘉湖区主要经济数据的计算基础。

二　实证分析

根据上节数据来源及数据处理结果，构建基于水质、水面和水量的太湖湿地利用模型并进行分析。经济发展过程中太湖湿地水质、水面和水量的变动是否出现拐点是本书研究所要解决的问题。

（一）基于水面的太湖湿地利用模型实证分析

1. 模型样本及说明

在建立基于水面的太湖湿地利用模型前，对样本数据进行整理。东太湖区水域面积围垦从 20 世纪 50 年代就已经开始，沿湖区分布，本书研究 1957～2003 年的水面变动。由于图 4－1 中的水面数据显示了 1980 年前后太湖湿地水面出现两个不同变化阶段，而改革开放后的围垦数据是基于卫星遥感图像对某个时段分析的数据，所以就对 1957～1979 年的

① 尹微琴、王小治、王爱礼等：《太湖流域农村生活污水污染物排放系数研究——以昆山为例》，《农业环境科学学报》2010 年第 7 期，第 1369～1373 页。

水面进行多元回归分析。

利用经济数据和水面（围垦）面积数据，对估计方程分别采用二次曲线、三次曲线、指数以及对数形式进行估计，经过对估计结果的比较，选择二次曲线、三次曲线方程作为基于水面的太湖湿地利用的模拟方程，人均 GDP 按 1978 年不变价。模型如下：

$$Y = c + \alpha \times (X) + \beta \times (X)^2 + \gamma \times (X)^3 + \mu$$

$$Y = c + \alpha \times (X) + \beta \times (X)^2 + \mu$$

其中，Y 表示水面（围垦面积），单位为平方米；X 表示人均 GDP，单位为万元/人。

2. 模型的计量结果

经济发展过程中太湖湿地水面变动是否出现拐点是计量模型要探究的问题。对水面（1957～1979 年）的三次曲线回归分析表明（见表 4－1），倒"U"形曲线趋势是存在的，拐点是人均 GDP 达到 361 元，数据表明，1957～1979 年，太湖湿地的水面随着经济的增长出现好转，结合第三章太湖湿地围垦利用章节中对新中国成立后东太湖区域湿地水面围垦利用强度的分析，基本上可以得出一个结论：整体而言，从 1957～2003 年，东太湖区水面是趋于良性发展的。

表 4－1 基于水面（1957～1979 年）的回归分析估计结果

变量	常数	人均 GDP	人均 GDP2	人均 GDP3	R^2	P 值	F 统计值
三次模型	－48.823	0.448	－0.001	9.21E－07	0.352	0.007	3.441
	(－2.635)	(2.811)	(－2.741)	(2.650)			

事实上仔细分析图 4－1，从历年的数据来看，水面基本上呈现倒"U"形，而且在 20 世纪 60 年代末与 70 年代初出现水面的高峰值。根据图 4－1 所示，1965～1970 年是水面围垦的高峰期，其后，围垦面积逐渐减少。经济发展过程中水面拐点的出现是一个显然存在的事实，在这个拐点后面还有值得探讨的问题。

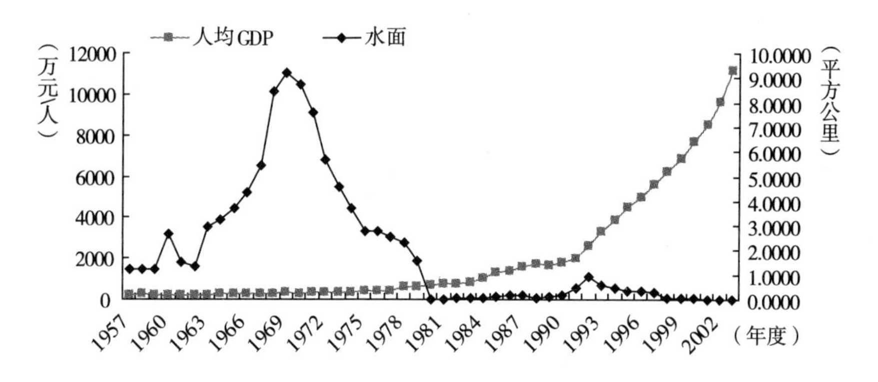

图 4－1　东太湖区历史时期水面围垦情况

资料来源：水面围垦数据来源于中科院南京地理与湖泊研究所内部资料。

（二）基于水质的太湖湿地利用模型实证分析

1. 模型样本及说明

在建立基于水质的太湖湿地利用模型前，对样本数据进行整理。太湖湿地水质指标即富营养化指数在 1987 年之前，并不是系统的、完整的，但是根据中国科学院南京地理与湖泊研究所太湖站的历史研究数据，对于太湖湿地 20 世纪 60 年代与 80 年代初期的富营养化程度有个基本而且是准确的判断，对数据进行处理获得了 1950～2009 年的太湖全湖富营养化指数的平均值。数据表明，在 20 世纪 80 年代之前，太湖湿地的富营养化程度并不凸显，因此，为了更清晰地看出经济发展过程中水质演变，选取1980～2009 年的综合营养数据进行分析，本研究中东太湖区综合营养数据跨越年度是 1980～2009 年。利用经济数据和水质指标，对估计方程分别采用二次曲线、三次曲线、指数以及对数形式进行估计，经过对估计结果的比较，选择二次曲线、三次曲线方程作为基于水质的太湖湿地利用的模拟方程，人均 GDP 按 1978 年不变价。

$$Y = c + \alpha \times (X) + \beta \times (X)^2 + \gamma \times (X)^3 + \mu$$

$$Y = c + \alpha \times (X) + \beta \times (X)^2 + \mu$$

其中，Y 表示综合营养指数；X 表示人均 GDP。

2. 模型的计量结果

经济发展过程中太湖湿地水质变动是否出现拐点是计量模型要探究的问题。

模拟结果表明（见表4－2），太湖湿地水质变动出现了拐点，显著性符合统计要求，根据二次函数的系数，二次模型呈现倒“U”形，拐点是人均GDP达到11341元。数据表明，太湖湿地的综合营养指数随着经济的增长出现好转，由此说明经济增长推动了太湖湿地水质好转。鉴于三次曲线不能很好地解释问题，没有采用。

表4－2 基于水质（1980～2009年）的回归分析估计结果

变量	常数	人均GDP	人均GDP2	R^2	P值	F统计值
二次模型	21.761 (34.432)	0.001640 (5.8194)	－7.23E－08 (－3.475)	0.784	0.000	47.211

注：括号内的数据是模型估计系数的T统计量。

（三）基于水量的太湖湿地利用模型实证分析

1. 模型样本及说明

在建立基于水量的太湖湿地利用模型前，对样本数据进行整理，再计算分析1978～2009年的数据。利用经济数据和水量数据，对估计方程分别采用二次曲线、三次曲线、指数以及对数形式进行估计，经过对估计结果的比较，选择二次曲线和三次曲线方程作为基于水量的太湖湿地利用的模拟方程，人均GDP按1978年不变价。X表示t期的人均国民生产总值，Y表示东太湖出入湖水量，按照模拟方程对数据进行拟合，拟合结果见表4－3。

$$Y = c + \alpha \times (X) + \beta \times (X)^2 + \gamma \times (X)^3 + \mu$$
$$Y = c + \alpha \times (X) + \beta \times (X)^2 + \mu$$

2. 模型的计量结果

经济发展过程中太湖湿地水量变动是否出现拐点是计量模型要探究的问题。

表 4-3　基于水量（1978~2009 年）的回归分析估计结果

变量	常数	人均 GDP	人均 GDP2	人均 GDP3	R^2	P 值	F 统计值
二次曲线	37.908	-0.002	8.28E-08	—	0.757	0.000	39.127
	(31.972)	(-5.787)	(3.622)	—			

注：括号内的数据是模型估计系数的 T 统计量

模拟结果表明（见表 4-3），太湖湿地水量变动出现了拐点，显著性符合统计要求，根据二次函数的系数，二次模型呈现倒“U”形，二次函数拐点是人均 GDP 达到 12077 元，太湖湿地的水量随着经济的增长出现拐点。鉴于三次曲线不能很好地解释问题，没有采用。

上文基于资源库兹涅茨曲线对东太湖区水面、水质和水量的分析表明：基于水面的资源库兹涅茨曲线证明经济增长过程中水面利用出现拐点（见表 4-1）；基于水质的资源库兹涅茨曲线出现了拐点，分析拟合度很好，较好地说明了经济发展过程中水质正向变动趋势（见表4-2）；基于水量的资源库兹涅茨曲线出现了拐点，表明随着经济的增长，东太湖区湿地水量增加（见表 4-3）。模型研究结果总体上可以肯定，东太湖区水面、水质和水量出现好转，经济发展过程中东太湖区资源利用走向成熟。本书在模型研究过程中，采用库兹涅茨的理论进行论证，衡量发展的指标是人均 GDP。发展是极其复杂的、多方位的概念和目标，经济增长有着极为丰富的内容，还要关注其他更多的发展内容，比如产业结构的调整、社区服务等无酬工作，因为发展涉及一切社会、经济和政治层面，[①] 所以仍需要进一步刻画经济发展对湖泊湿地利用的影响，有必要从水面、水质和水量三个维度分别对东太湖区湿地资源利用的影响因素进行分析，尤其是构建的水面变动趋势与人均 GDP 模型的拟合程度更说明，从水面这个维度分析，东太湖区利用走向成熟态势的驱动力还值得深入探究。

① William R. Dipietro, “Emmanuel Anoruo: GDP Per Capita and Its Challengers as Measures of Happiness”, *International Journal of Social Economics*, Vol. 33, No. 10, 2006, pp. 698-709.

第二节　太湖湿地利用：因素分析

在上文对经济发展与太湖湿地资源利用关系分析的基础上，本节将从水面、水质和水量三个维度对影响太湖湿地利用走向成熟的影响因子进行分析，以进一步刻画经济发展过程中太湖湿地利用走向成熟的机制。仍然是以东太湖区为研究区域。

一　因素类别和影响因素

（一）收入与消费因素

消费实际上是满足个人需要的过程，人类的生存发展就是不断地满足自身的消费。收入水平、价格因素、产业结构和消费水平都对消费产生影响。

1. 收入水平

收入水平直接影响着消费水平，因此，消费者的收入水平对其消费行为产生刚性约束，收入水平制约消费者的支出水平以及消费结构。不同的收入水平，规定了不同的消费水平，不同的消费水平必然体现在不同的消费结构上。因为人类的需求是有层次的，只有当生存需求得到满足时，才会向往更高层次的需求。消费者可支付货币的多寡决定其选择消费的类型，所以一般说来，随着收入的增多，消费支出中用于食品消费的支出比重越来越低，用于耐用品、文化娱乐等享受方面的消费支出所占比重越来越高。在湖泊湿地资源的利用上，低收入群体关注的是如何获取物资资源以满足最基本的生存需要，其对资源利用的强度会因为收入水平低于某个临界值而加强，当该群体的基本需求满足时，有了足够的可支配的收入时，人们购买的消费品不仅数量增多，而且开始关注消费品的质量，使消费结构和消费标准都发生了一些新的变化，该群体开始关注更高层次的消费需求，比如良好的水源、清洁的空气，这时人类会改变对湖泊湿地的利用方式，湖泊湿地资源也相应发生变动。

居民的家庭收入是随着国民收入水平的提高而相应提高。国民收入的总水平影响人们的消费需求，因为人们会在居民消费、社会消费和政府消费中作出选择。政府消费是需要政府投资的，而国民收入的总水平决定投资来源总规模的大小，从制约投资规模大小的可能方面来看，国民收入水平越高，投资总规模就越大。对于环太湖湿地周边地区而言，该区域经济总量越大，就有更多的资本投入到区域的生态环境建设上来，从而可能为居民的生态消费提供具有公共品性质的产品，湖泊湿地的利用就存在走向成熟的可能性。

收入分配也会影响消费结构。因为不同的收入水平的居民会产生不同的消费行为，高收入者会因为持有的可支付货币数量的增加去选择满足更高层次的消费需求，对湖泊湿地资源的利用不仅关注物资资源的供给，还会关注休憩等生态功能服务价值，与此同时，相当一部分人口只能以有限的货币去满足基本的生存消费，这样的分配结构对湖泊湿地的利用走向成熟不会有多大影响。

2. 价格水平

价格水平对消费的影响主要就是反应在价格需求弹性上，价格需求弹性越大，表明价格变化对消费需求的影响就越大，在收入水平一定的状态下，人们总是根据自己的消费效用观和产品的相对价格作出消费选择。水资源利用效率和水资源需求管理问题日益成为用水供应部门的重要问题。随着人口增长、淡水资源供应减少和不断上升的基础设施建设成本以及生活用水在发达经济体总用水量中构成实质性的比重，尤其是人们已经认识到环境的保护和可持续发展是具有更高价值的活动，促使人们开始重视通过价格结构控制消费，用水价格就成为决策者的主要关注对象。① 经济学家普遍认为，反映边际成本的用水价格，是在水资源供给有限时降低需求的有效手段，认为必须设计基于可持续发展的水价以满足当前和今后几代人的发展需求、资源利用效率、成本回收（包括

---

① 陈晓光、徐晋涛、季永杰：《城市居民用水需求影响因素研究》，《水利经济》2005 年第 11 期，第 23 ~ 24 页。

供应成本，机会成本和经济外部性）的需要。适当的价格水平使得人们对湿地水资源的利用更加谨慎，更加关注水资源利用效率，降低生产成本，而低收入群体相对于高收入群体对价格水平更加敏感，因为水资源消费在低收入群体的收入中占重要比重，水资源的价格水平在一定条件下可以降低用水量。以江苏省无锡市为例，该市城市居民每人年平均生活用水量从 2000 年 266 吨下降到 2006 年的 183 吨，与此同时，城市水价由 2.0 元/吨上涨到 2006 年的 2.57 元/吨。[①] 价格水平诱致的用水量的变化为湖泊湿地水量的增加提供可能。显然如果不考虑水资源的价格问题，人们会将湖泊湿地的水资源当成将经济成本外部化的有效途径，掠夺性的使用湖泊湿地的水量。价格水平不仅是实现公平、公共健康、环境效率、财务稳定、公众的接受程度和透明度的目标，也是为了追求更大的资源配置效率。

3. 产业结构

生产供给是不断与消费需求相适应的。即使是自然资源，一定程度上也要经过产业活动才能成为资源供给。可以把产业结构视为一个资源转换装置，即在一定条件下，通过产业结构的有效运转，不断生产出产品和劳务，来满足社会需求。人们根据手中持有的相对可支付的货币和需求层次依次安排衣、食、住、行，并逐渐向着休闲消费、精神享受等更高层次的生态消费需求发展。相应的，产业结构的发展也有层次性，首先是直接满足人们衣食等初级消费需求的农业和轻工业发展，由此而派生出生产资料的需求；随着技术进步和生产力的发展、分工的深化和市场的拓展，生产资料生产迅速发展，同时交通运输业、建筑业也开始成为发展重点，这就发生了产业结构的重化工业化。在此基础上，更多的资源被投入到满足人们更高层次需要的服务业和高技术产业上，第三产业和知识技术密集产业得到发展。在这个产业结构的变动过程中，人们对湖泊湿地的利用必然使湖泊湿地资源发生变动。[②] 在农业、轻工业

① 中国县镇供水协会：《中国县镇供水统计年鉴》，中国水利出版社，2003。

② 朱明春：《产业结构·机制·政策》，中国人民大学出版社，1990，第 12 ~ 17 页。

发展阶段，人类利用湖泊湿地水资源灌溉发展粮食生产，并投入资本将湖泊湿地水域转化为土地资源；在重化工业化阶段，人类开始充分利用湖泊湿地净化功能将经济成本外部化；随着社会的进步，人们对休闲、生态消费等高层次的需求产生消费愿望，人们热衷旅游，使第三产业得到发展，在这个过程中，湖泊湿地的生态环境质量就成为关注对象。可见，产业结构的问题终究是一个资源配置问题，对湖泊湿地资源的变动是可以产生影响的。

4. 消费水平

具有一定的收入水平是产生需求的基础，只有实施具体的消费活动，人的需求才能得以实现，在持有一定的货币情况下，人们消费越多，对资源的需求就越大，当持有的货币全部用于积蓄时，产生的消费为零，这根本不可能对外界资源变动产生影响。随着经济的发展和持有的可支配的货币的增加，人们的消费欲望多样化。人们的生活水平的提高，人们的需求层次会由较低层次的生存需求向更高层次的需求发展，会由原来简单的物质产品的消费向着物资和精神产品的综合消费变动。对于湖泊湿地的生物资源的消费需求不再满足于谷物的消费，开始产生对鱼类产品的消费，甚至进而不再满足于简单的鱼类产品，更加愿意消费具有绿色标签的渔产品，这就要求有良好的湖泊湿地水环境，从而产生湖泊湿地生态环境修复的驱动力。以湖州市农民生活消费支出为例，根据1990年湖州市农民消费支出的抽样调查，人均食品消费603元人民币，占生活消费支出的53.32%，全市农户住房、衣着、日用品消费比重由1981年的34.2%升至43.43%，人均消费粮食由298公斤降低至287公斤，肉类由12.5公斤增至15公斤，家禽由2公斤增至5公斤，蛋由1.5公斤增至4公斤，鱼虾由5.5公斤增至13公斤。[①] 消费结构的变化必然引发对湖泊湿地资源的需求的变动，显然人们的消费水平也是可以影响湖泊湿地资源利用的。

---

① 数据来源于湖州市统计局内部资料。

（二）人口因素

人口的生存与发展、人口的活动和所有的人口现象都具有社会性，离不开社会环境，也离不开人口赖以生存、发展的自然环境。生产力落后的时代，人口生存的自然环境对人口生存与发展所起的作用相对来说要大于社会环境，在一定时期甚至可以起到决定性作用。随着社会生产力的发展，社会日益发达，人类的社会化程度越高，社会环境对人口的影响也越大，但是自然环境对人口的影响依然存在。湖泊湿地作为自然环境的子系统，湖泊湿地资源对人口的生存与发展也产生着影响，因为人口与其生活的空间范围是不可能分割的。同时，人口因素也对湖泊湿地资源和生态环境的利用产生影响，因为人类利用湖泊湿地资源与生态环境开展生产活动的最终目标就是为了消费，人类的消费行为可以改变湖泊湿地资源原有的形态和结构，并使湖泊湿地生态环境条件产生变化。一方面，人类从湖泊湿地中索取生存和发展所需的生物物质资源和原材料，供给人类消费，这会造成湖泊湿地资源与生态环境的负荷超载甚至被破坏；另一方面，人类的消费活动所产生的废弃物，排放到了湖泊湿地中，影响甚至污染了湖泊湿地生态环境。因此，人类消费影响着湖泊湿地资源与生态环境，这就是湖泊湿地资源日趋减少和生态环境持续恶化的社会根源。人类历史发展的不同阶段，人类对湖泊湿地资源开发利用的程度是不同的，消费水平也存在差别；不同的地域，湖泊湿地资源、生态环境与区位条件不同，人类对湖泊湿地资源消费活动的内容也不同，这也呈现出迥异的消费水平。不同的社会经济条件下，人类消费湖泊湿地不同资源的比例关系也是存在差异的。[①] 由此可见，人类消费水平的高低和消费结构，某种程度上决定着人类对湖泊湿地资源和生态环境影响强度的大小，不仅通过人口数量，还通过人口结构影响了湖泊湿地资源与生态环境利用总量的大小。

---

① 赵延德、张慧、陈兴鹏：《城市消费结构变动的环境效应及作用机理探析》，《中国人口、资源与环境》2007 年第 2 期，第 67 页。

1. 人口的数量变化

人口的数量变化与湖泊湿地资源利用关系十分密切。人口是社会、自然与人类能动作用的极为复杂的产物，人口数量的变化集中体现了人类利用自然资源和生态环境，从事物质生产活动并通过一定的社会结构进行管理与控制的能力。[①] 一定数量的人口不仅是社会发展的重要标志，还是推动社会发展的一个必要条件，而人口的再生产过程、人口的流动和迁移与人口的数量变化有着密切的联系。家庭规模、婚姻状况、生育状况、各种死亡类型等要素影响着人口再生产过程，而包括人口数量、质量变化的人口的发展是人口再生产的结果。[②] 人口流动和迁移具有十分强的时间性和区域性。[③] 在某一时段，对某一区域可以产生巨大、迅速的影响，能在短期内使人口分布发生极为显著的变化，从而影响一定地域范围内人口的数量变化与人口质量的变化。在一定时间内，一定数量的人口总是生活在特定的空间范围内，而人口的数量不断在发生变化，一定规模的人口和人口的增长速度会形成人口对湖泊湿地的压力：人口过快增长，会增加对湖泊湿地资源的索取和湖泊湿地生态环境的压力；[④] 对湖泊资源的滥采滥用必然会削弱湖泊湿地资源基础，并进而使湖泊湿地资源成为制约经济发展和人类社会进步的因素。[⑤] 当湖泊湿地资源危机产生时，人类就会根据湖泊湿地资源的比较优势选择更有效率的湖泊湿地利用方式，这也为湖泊湿地利用方式的改变和湖泊湿地利用结构的变化提供了机会。

2. 人口结构

人口结构对湖泊湿地利用变化的作用更加显著。人口结构包括人口

① 葛剑雄：《中国人口史（第一卷 导论、先秦至南北朝时期）》，复旦大学出版社，2002，第37～38页。

② 葛剑雄：《中国人口史（第一卷 导论、先秦至南北朝时期）》，复旦大学出版社，2002，第80页。

③ 葛剑雄：《中国人口史（第一卷 导论、先秦至南北朝时期）》，复旦大学出版社，2002，第41页。

④ 顾签塘：《试论我国人口与资源、环境的协调发展》，《南方人口》1996年第3期，第12页。

⑤ 邱天朝：《试论人口、资源、环境与经济的协调发展》，《中国人口、资源与环境》1993年第4期，第22～23页。

的自然结构、社会结构以及人口的地域结构。一定时空范围内，人口的构成是不断变化的，变动的人口结构将带来社会需求的变动，从而引起湖泊湿地资源需求的变动。人口结构变化中，人口的地域结构对湖泊湿地资源利用的影响是值得关注的因素。人口的地域结构依据人口的居住地来划分，分为人口的自然地理结构、人口的行政区域结构和人口的城乡结构。[①] 在这三种结构中，人口的城乡结构的变化对湖泊湿地资源利用的影响是最为重要的。人口的城乡结构是指居住在城市的人口与居住在乡村的人口在总人口中所占的百分比以及它们相互间的比例关系，[②] 可以用研究区域城市人口占研究区域总人口的比重来表示。城市是人类社会发展的产物。城市化是被包括人口、经济、政治、社会、文化、科技和环境等一系列紧密联系的变化过程所推动的。涉及城市化过程中的关系相当复杂。人口变化与城市化的关系是所有相互依存关系中最为重要的一环。[③] 韦伯的统计研究表明，快速成长的城市吸引力导致人口从农业地区流向有制造业和商业的城镇。西蒙·库兹涅茨的分析也证实，伴随着人口的实质性增长（每 10 年的增长率超过 10%），人均产值增长加快（每 10 年增长率从 15% 递增到 30%），伴随着总产值和人均产值的高速增长和自然资源的高消耗，不同经济和社会团体的差异性扩大，劳动分工和专业化程度日益增加，必然成为城市人口聚集的驱动力。[④] 从历史学和地理学的角度来看，较低水平的经济发展和较为缺乏的剩余产品等因素显然影响了农村人口向城市人口的转化，制约了城市人口数量的增长。只有当工业化使得经济产出的提高足以支撑城市化的物质要求时，从农业人口向城市人口转化的约束才被解除。从全球范围来看，推

---

① 葛剑雄：《中国人口史（第一卷 导论、先秦至南北朝时期）》，复旦大学出版社，2002，第 63 页。

② 葛剑雄：《中国人口史（第一卷 导论、先秦至南北朝时期）》，复旦大学出版社，2002，第 82 页。

③ 〔美〕保罗·诺克斯、琳达·迈克卡西：《城市化》，顾朝林等译，科学出版社，2009，第 16 页。

④ 〔美〕布莱恩·贝利：《比较城市化——20 世纪的不同道路》，顾朝林等译，商务印书馆，2008，第 3 ~5 页。

力和拉力使得农村人口大规模向城市移动，推动了城市化水平的提高，这反映出经济发展（以单位国内生产总值表示）与城市化之间存在的必然联系。[①] 在环太湖湿地周边地区，伴随着工业化进程，农业劳动生产率持续提高，大量的农村人口向城市迁移和流动，数据表明，环太湖湿地周边地区城市人口占该区域总人口的比例在 1978 年为 39%，2005 年上升至 63%，在近 30 年里，环太湖湿地周边地区城市人口比重增加了 24 个百分点，同期全国人口城乡结构才由 1981 年的 23.9% 提高至 2007 年的 44.9%，仅增加 21 个百分点。[②] 环太湖湿地周边地区城市化程度是较为迅速的。从时间顺序来看，农村人口向城市人口转化的过程是伴随着经济增长过程，迅速增长的城市人口比重与经济、社会发展需要之间存在正相关。城市代表着先进的生产力水平，经济发展较快，城市居民的消费水平在总体上高于农村居民的消费水平。消费水平越高，消费结构越加优化。随着城市人口比重的增加，城市人口消费更多的工业产品，这就刺激了工业的发展，人类对湖泊湿地的资源利用强度提高，当经济发展到一定程度时，人们的生态消费需求产生并逐渐强烈，对湖泊湿地提供良好的生态系统服务的需求将增加，因此，人口的城乡结构，一定程度上能够反映经济发展水平。

（三）政策因素

湖泊湿地作为一种资源，在生产和消费方面具有许多特性，可以满足某些特别的需求（如饮用、灌溉）。湖泊湿地资源既可能是一种必要的生产和消费投入，也可能是一种最易被忽视和被认为理所当然的投入。依据湖泊湿地在当地的稀缺程度，湖泊湿地资源可能没什么价值，也可能很有价值。湖泊湿地周边地区乃至整个国家层面的政策结构对湖泊湿地资源的利用产生影响，湖泊湿地资源，尤其是水资源的特征使得政策结构所产生的作用是存在差异的。[③] 政策变动可以影响资源利用方式的

① 〔英〕保罗·贝尔琴、戴维·艾萨克、吉恩·陈：《全球视角中的城市经济》，刘书瀚译，吉林人民出版社，2003，第 2～3 页。

② 倪鹏飞：《中国城市竞争力报告》，社会科学文献出版社，2009，第 555 页。

③ 托马斯·思德纳：《环境与自然资源管理的政策工具》，上海三联书店，2005，第 552～559 页。

选择，政策可以分为公共政策、贸易政策和湖泊湿地资源管理政策。①

公共政策领域。政府的投资政策可以起着导向作用，影响湖泊湿地资源的利用。政府对绿色产业的支持，促使产业结构进行调整，合理地利用资源，减少废水等废物产生量，促使经济增长朝着低污染、无污染的方向发展。这就使得产业发展产生和排放到水体中的污染物对水体的影响降低，会缓解水质恶化的趋势。政府也可直接投资到涉及可持续发展理念推广的教育培训和环境和谐发展的社区，为湖泊湿地资源可持续利用提供一个人文环境。这些公共政策都可以降低对湖泊湿地资源利用的强度。

贸易政策领域。贸易政策可以对湖泊湿地资源产生影响。在国际贸易中存在新的发展趋势，就是绿色壁垒日趋常态化，开始强调贸易产品必须是符合一定环境标准的绿色商品，生产过程必须符合环保标准，凡是涉及破坏湿地生态系统平衡的产品都将被拒绝进口甚至征收高额关税，虽然这种绿色壁垒产生的背景因素是复杂的，极有可能是贸易保护，也有可能是生态环保理念的推广，但客观上是有利于保护湿地资源。

湖泊湿地资源管理政策。对环境的保护和湖泊湿地可持续利用已经得到社会和国家层面的关注。我国于1993年完成了《中国21世纪议程》章程，坚持走可持续发展之路，实施了一系列的湖泊湿地保护政策。2008年，我国出台了第一个湿地保护工程规划——《全国湿地保护工程规划》。在宏观政策的引导下，地区层面也加大对湖泊湿地保护，无锡市实施湿地保护与恢复项目16个，总投资达到12亿元。其中实施省级以上湿地工程如无锡环太湖湿地恢复一期工程、无锡贡湖大溪港河口湿地恢复工程、十八湾湖滨湿地工程等9个，建成太湖治理湿地生态保护与恢复国家示范工程1个，保护与恢复湖泊湿地面积2.28万亩。当然，湖泊湿地管理政策既可能推动湖泊湿地保护，也可能推动湖泊湿地的退化，新中国成立后的六七十年代对太湖湿地高强度的围垦利用就是例证。

---

① 张海鹏：《经济发展中的森林利用结构研究》，中国社会科学院博士学位论文，2008，第63页。

（四）技术因素

技术是变动的因素，技术进步对资源利用可以产生影响。第一，降低资源利用的成本。技术进步使得资源利用的边际成本降低，这使得替代资源进入生产的可能性降低；如果资源的边际利用成本升高，技术进步可以开发利用更多的现有资源，无论是资源的类别还是资源的数量。第二，技术进步可以使得资源需求结构发生变动，改变资源的存量和形态。技术进步对于湖泊湿地资源的开发利用的影响也可以从资源需求的形态和资源利用的效率这两个层面分析：诱致资源需求形态变动的技术进步；降低资源利用成本的技术进步。

人类对湖泊湿地利用历史表明，人类对湖泊湿地资源的利用总是伴随着技术进步。在原始社会时期，人类低下的生产能力使得简单的食物采集成为人类唯一的选择，此时对湖泊湿地生物资源的攫取是与相应的生产技术相符的。当生产技术进步，偶然的因素导致水稻栽培技术发现后，人类可以通过原始简单的农作物种植来应对无常的自然界，尤其是当原始的灌溉方式和灌溉技术得以使用、推广时，水资源的肥力就得到充分认识。到了后期，随着人类征服自然的能力的提高，人类可以通过水利工程来进一步提高生产能力，可以通过对湖泊水面的围垦，将水面改造为土地来进一步提高生产力。从这个水资源利用的过程中，我们可以发现生产技术的进步使得人类对湖泊湿地资源的需求经历了“生物资源→水灌溉→水土转换”的利用过程。可见诱致资源需求形态变动的技术进步可以使湖泊湿地资源产生变动。

降低资源利用成本的技术进步对资源的影响就更显著了。比如水利灌溉工具的发展和使用。隋唐时期，在农业上制造并推广水车，《旧唐书·文宗纪》记载了政府对水车的制造和推广使用的重视：“（大和二年）内出水车样，令京兆府造水车……以灌水田。”[1] 唐代还发明了利用水流的冲击力转动木轮提水的灌溉机械——水轮，也就是元代《王祯农

① （后晋）刘昫：《旧唐书》卷17《文宗上》，中华书局，1975，第335页。

书》记载的“水激轮转，众筒兜水，次第下倾于岸上”的筒车。[①] 这些灌溉工具主要是用于农业生产，降低了利用成本，提高了生产效率，在农业生产发达的太湖湿地附近得到广泛的利用。

（五）湖泊湿地资源禀赋

湖泊湿地是地质运动的产物，自然环境演变过程中，湖泊湿地资源也在不断变动，湖泊湿地资源的分布是有差异的。我国的湖泊湿地可以分为5个区域：青藏高原湖区湿地、东部平原湖区湿地、蒙新高原湖区湿地、东北平原及山地湖区湿地和云贵高原湖区湿地。每个湖区湿地由于气候、地理等因素的影响具有各自的资源特征。比如蒙新高原湖区湿地由于降雨少、气候干燥，湿地水体日益减少，水域面积不断缩减，在人口持续增长的情况下，湖泊湿地资源相对要少。地质、气候环境也塑造了湖泊湿地资源利用的类型。蒙新高原湖区湿地多为内陆咸水湖泊湿地，仅有少数淡水湖，这就使得湖泊湿地盐业资源的利用成为该区域湖泊湿地（咸水湖）利用的特色；云贵高原湖泊湿地水体落差大，湖泊湿地水力资源蕴藏丰富，湖泊湿地水资源的水力发电成为该区域湖泊湿地（落差集中的湖泊湿地）利用的特色。太湖湿地属于位于比较湿润的东部平原湖区，湖水依赖地表径流和湖面降水，地表水占湖泊补给的比重极大，太湖湿地水资源丰富。太湖湿地各个湖区存在区域差异，这也使得各个湖区资源利用存在差别。历史时期对太湖湿地的围垦区域主要是在西太湖，因为太湖湿地的水资源主要来自太湖上游，西太湖水资源丰富适宜灌溉利用，水面围垦发展迅速；东太湖湖区是太湖湿地主要出水口，淤积严重，土质肥沃，但由于东太湖区是太湖湿地的主要排水通道，水位变化大，洪水期间对农业生产的影响大，因此，相对而言东太湖湖区的围垦强度较低。只是由于太湖湿地便于围垦的优良水面日趋减少，而东太湖区淤积变浅，淤积泥层有机营养盐不断增加，优良的水土条件及、水利工程技术的发达使得东太湖区在近300多年里尤其是新中国成

---

① 《王祯农书》，王毓瑚校，农业出版社，1981，第327页。

立后一直是太湖湿地水面围垦利用的重点区域。

（六）气候因素

湖泊湿地资源的变动会受到外部自然环境的影响。太湖湿地属亚热带季风气候区，冬季，大陆冷气团侵袭湿地，盛行偏北风，天气寒冷而干燥；夏季，海洋气团影响湿地，盛行东南风，水汽丰沛，天气炎热而湿润。太湖湿地区域四季分明、雨量丰富、热量充裕等特点影响着太湖湿地。根据洞庭西山、望亭和国家基准站太湖东山站的水文资料，50年来，太湖湿地多年降雨量在1148毫米上下波动，20世纪60年代的降雨量较低，90年代中期以及2000年的年降雨量出现极高的峰值。50年来的太湖湿地多年年蒸发量为1418毫米，基本呈现持续降低的趋势，比较多年年降雨量和蒸发量数据（见图4－2、图4－3），并结合相关文献资料分析，[①] 在52年（1956～2008年）中，20世纪50年代（1956～1959年）太湖流域处于丰水段，60年代和70年代处于偏枯期，80年代、90年代以至于2000年后又转入丰水期。气候因素在20世纪80年代之后有利于太湖湿地水资源循环。

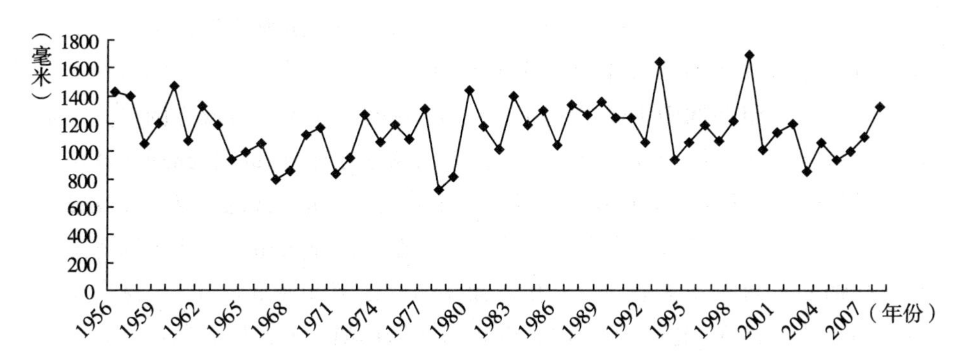

图4－2　太湖湿地历史时期年降雨量变化

资料来源：年降雨量数据均为国家气象局内部资料。

① 水利部、交通部、电力工业部及南京水利科学研究院内部资料。

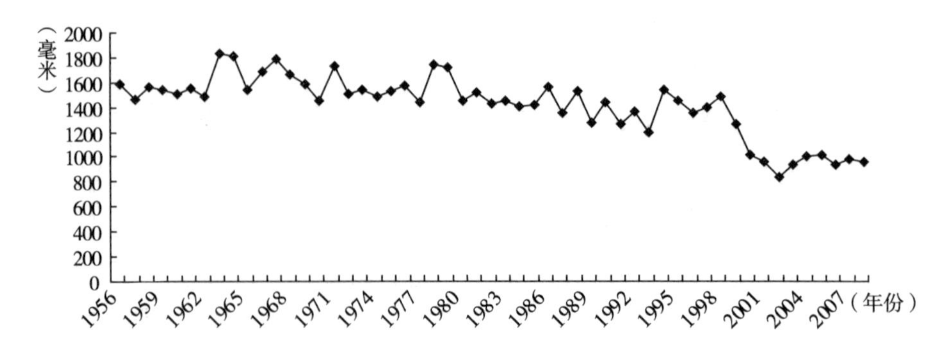

图 4－3　太湖湿地历史时期年蒸发量变化

资料来源：年蒸发量数据均为国家气象局内部资料。

（七）文化因素

有人类历史以来，无论在哪个地区，人和自然总是复杂地交织在一起，现代社会对自然界的开发对于人类而言只是自然的价值偏向了经济一边。历史上，湖泊湿地各种物质资源在物质文化上就已经体现出充分的作用。依存自然多样性的文化影响着人类对湖泊湿地资源的利用。在一些现代文明没有侵袭或者是依旧维系传统文明的社区里，当地的原住民认为湖泊湿地中有着超自然力的存在，对资源的利用不得干扰超自然力。如果某个时期湖泊湿地出现某种变化并干扰了原住民的生活，原住民会采取各种仪式来安抚这种令人担忧的变化。在某些社区里，社区原住民会形成某种规则约束对湖泊湿地某种具有象征意义的资源的使用或者是掠夺性的利用，在我国偏远的少数民族居住区，这种情形依然是存在的。在这种生存环境中，湖泊湿地的水、生物等资源会被多方利用，有的是直接的，有的是间接的，而有的是物质性的，有的是精神性的。这些物质大多数没有被加上商品价值，但都是维系原住民生活和文化不可或缺的东西。在这种湖泊湿地多样性与人类文化相互支撑的体系里，人类与自然的共生成为了可能，在未被商品经济缠绕的社会中，湖泊湿地资源的多样性大量体现在各种各样的生活所需中或代表文化的价值中，这样的社会所追求的是自然多样要素的稳定利用与社会和生活的持续性。传统社区对湖泊湿地资源的认识的存在显示：湖泊湿地资源不仅是物质价值的供给源，也是文化认同的依托。因此，破坏湖泊湿地亦即破坏生存于该区域人们的文化，这时，在这种社会（社区）里，生态环境问题其实也就是文化的问题。

在以商品经济为代表的现代社会里，在对湖泊湿地的利用方面显然与未被商品经济缠绕的社会存在差异。在纯粹由经济动机支配的社会（社区）中，集中、高效地利用少数具有商品价值的资源成为了目的，因而必然会根据市场经济理论来利用湖泊湿地资源。太湖湿地银鱼资源变动就是例证，太湖湿地的银鱼资源是一年生小型定居鱼类，是重要的出口创汇鱼产品，由于人为利用的强度加大，20 世纪 90 年代后银鱼资源迅速减少，1989 年大银鱼产量占捕捞量的 65.34%，1994 年仅占 9.46%。[①] 当然在商品经济的现代社会里，文化特征对湿地资源利用的影响依然存在，以水资源需求为例，人口教育程度越高，可能对水资源的需求就更加旺盛，比如生活洗漱用水，也可能存在教育程度高的人群更加有效地节约利用水资源、更加关注生态环境。现代社会里，文化特征对人类利用水资源的影响是较为复杂的，相应的，对太湖湿地资源产生的影响也是复杂的。

二　因素的确定

上文介绍了影响湖泊湿地利用的因素，在生产活动过程中，对湖泊湿地利用的影响因素是非常多的，能够全面详尽地阐述湖泊湿地的影响因素的确有利于经济发展过程中湖泊湿地资源变动的分析，但是存在操作的难度，影响因素越多，变量之间的关系越复杂，有可能因为变量之间的相关性的急剧增加而降低解释的效果，因此抓住事物发生变动的本质，选择合适的具有重要影响力的关键解释变量，就可以有效地分析影响因子。[②] 因此需要对上文描述的影响因子进行定位，而湖泊湿地的水质、水面和水量是湖泊湿地资源特征的三个不同维度，需要根据湖泊湿

① 倪勇：《太湖鱼类志》，上海科学技术出版社，2005，第 25 页。

② 张海鹏：《经济发展中的森林利用结构研究》，中国社会科学院博士学位论文，2008，第 69 页。

地资源的各自特征进行影响因素的瞄准，既要分析其共同的影响因子，又要甄别各自特有的影响因子。

人口的总量指标也影响湖泊湿地资源利用，而人口城乡结构变动对资源的需求也会发生变动。人口的总量可以反映对资源的总体需求，而人口的城乡结构则是描述需求的差异性，这两个指标可根据研究的需要引入模型中。选择经济总量可以较好地反映收入水平。经济增长是发展过程的中心问题，没有了经济的增长，就不会有可持续发展；同样，发展是极其复杂的、多方位的概念和目标，发展涉及一切社会、经济和政治层面，而生活、生活质量和社会福利的标准是不能互换的标准。经济总量越大，就越有可能进行不同层次的分配，因此将经济总量指标作为一个评估社会全面进步的逻辑替代。[①] 当然根据研究模型的不同和研究的需要，也可以选择人均国民生产总值作为近似的逻辑替代。经济总量反映的是总体的经济规模，根据发展经济学结构主义的观点，产业结构的变动会诱致资源需求的变动，还要将产业结构纳入经济模型中进行分析。在选取影响指标时，理论上还要考虑湖泊湿地资源禀赋因素，区域的资源数量的多少也是制约因素，应该要将资源禀赋的因素纳入考虑中，但是本书只是对典型湖泊湿地进行聚焦，还没有进行不同类型湖泊湿地之间的比较，所以本书从三个维度进行分析时，没有将典型湖泊湿地资源的特征作为研究的重点。在经济分析中，是不能回避政策因素的，太湖湿地周边地区的生态环境治理与管理仍然较多侧重于以政府行政管理为主、经济手段为辅的管理体系，应考虑政府政策发挥的作用。技术进步也是不能回避的分析变量。水量中生活、生产用水的分析中，收入水平不仅要考虑到国家层面的经济总量，个人的可支配收入也是影响因子，个人的消费能力也不能忽略，价格水平是影响消费的重要因素，可支配收入、消费能力以及价格水平均应纳入模型中。水量模型中还要考虑文化特征；降雨量是重要的自然特征，应纳入到影响分析中。

---

① William R. Dipietro, "Emmanuel Anoruo: GDP Per Capita and Its Challengers as Measures of Happiness", *International Journal of Social Economics*, Vol. 33, No. 10, 2006, p. 698 - 708.

三　主要因素对太湖湿地利用影响的计量分析：基于水面的实证

本书采用 STIRPAT 模型来探讨分析影响东太湖区水面的因素。STIRPAT 模型是 IPAT 环境压力等式的改进式,[①] 认为环境压力是由 P（人口数量）、A（经济富裕度）、C（每单位 GDP 资源消费量）、T（技术）4 个驱动力共同决定，在对环境变化影响的实证分析中，采用人口总量、人均 GDP、产业结构变动和城市化率指标进行逻辑替代。[②] 本书对 STIRPAT 模型进行双对数化处理得到模型：

$$\ln I = \ln a + b(\ln P) + c(\ln A) + d(\ln T) + \ln e$$

$\ln I$ 为被解释变量，$\ln P$、$\ln A$、$\ln T$ 为解释变量，其中 P 为研究区域人口总量，A 为经济发展程度，T 分解为 T_1（结构化指标）和 T_2（现代化指标），结构化指标代指产业结构变化，现代化指标用城市化率作为逻辑替代。

（一）1957～1979 年阶段的影响因素分析

1. 变量的选取

根据 STIRPAT 模型分析，本书建立如下的经济计量模型来探讨分析各种因素对东太湖区 1957～1979 年的水面变动的影响，模型具体形式如下：

$$\ln I = \ln a + b(\ln P) + c(\ln A) + d_1(\ln T_1) + d_2(\ln T_2) + \ln e$$

$$\ln I = \ln a + b(\ln P) + c(\ln A) + c(\ln A)^2 + d_1(\ln T_1) + d_2(\ln T_2) + \ln e$$

第二个模型加入了经济发展程度的二项式，以对上章资源库兹涅茨曲线进行证明（见表 4－4）。其中，I 表示东太湖区水面，单位为平方公里；P 表示人口总量；A 表示经济发展程度；T_1 表示产业结构变化；T_2 表示城市化率。以上指标的变量分别采用：P 采用区域人口数量总和，单位为人；A 采用人均 GDP，单位为元/人（1978 年不变价格）；T_1 采用

① 王立猛、何康林：《基于 STRPAT 模型分析中国环境压力的时间差异——以 1952～2003 年能源消费为例》，《自然资源学报》2006 年第 6 期，第 862～868 页。

② Rose E. A.，R.，Dietz T.，"Tracking the Anthropogenic Drivers of Ecological Impact"，*AMBIO*，Vol. 33，No. 8，2004，p. 509－512.

农业产值占国民生产总值的比重，单位为%；T_2 采用非农业人口占被研究区域人口的比重，单位为%。

表 4－4 影响东太湖区水面变化的可能因素及预计关系

影响因子	变量	变量代码	预计对水面变化的作用方向
区域人口总量	人口数量	P	+
经济发展程度	人均 GDP	A	+
产业结构	农业产值占国民生产总值的比重	T_1	+
城市化率	非农业人口占被研究区域人口的比重	T_2	－

注："＋"表示东太湖区水面围垦加强；"－"表示东太湖区水面围垦降低。

2. 数据来源

根据太湖流域分区，本书选择了阳澄区、淀泖区、杭嘉湖区的数据来分析东太湖水面的影响因素。国民生产总值、农业产业人口数量总和、人口结构的数据来源于《数据见证辉煌：江苏 60 年》、《浙江 60 年统计资料汇编》以及镇江、无锡、常州、上海、苏州、杭州、湖州和嘉兴等市历年统计年鉴，再根据研究区域人口占流域人口比重进行换算，由于区域人口占流域人口比重是根据历年文献的总结得出的数据，可能会存在误差。水面数据，本书采用中科院南京地理与湖泊研究所的不同时期的围垦面积数量作为水面研究数据。

3. 计量分析

得到回归模型（见表 4－5）。

表 4－5 基于水面（1957～1979 年）的回归分析估计结果

解释变量	方程 1		方程 2	
	估计值	t 检验值	估计值	t 检验值
常数项	－27.632	－5.873***	－45.993	－1.628
人口总量	4.460	4.923***	4.288	4.481***
人均 GDP	1.588	2.302**	8.302	0.813
人均 GDP 的二次项	－	－	－0.582	－0.659

续表

解释变量	方程 1		方程 2	
	估计值	t 检验值	估计值	t 检验值
农业产值占国民生产总值的比重	6.786	5.280***	6.344	4.324***
非农业人口占被研究区域人口的比重	0.535	0.915	0.693	1.081
调整后 R^2	0.732		0.738	
F 统计值	12.306		9.623	
P 值	0.0000		0.0000	

注："***"表示 t 检验值达到 1% 时的统计显著水平；"**"表示 t 检验值达到 5% 时的统计显著水平；"*"表示 t 检验值达到 10% 时的统计显著水平。

分析表明（见表 4-5），总体上方程 1 和方程 2 的拟合度较好，方程 2 的拟合度相对于方程 1 有了一定的提高，但是非农业人口占被研究区域人口的比重、人均 GDP 指标的二次项以及常数项的系数没有通过 t 检验值，说明方程 2 相对于方程 1 拟合效果好，但是不能非常好地解释东太湖区水面变化与阳澄区、淀泖区、杭嘉湖区的经济发展关系，而且方程 2 中的二次项为零。方程 1 中除了城市化指标不显著外，人口总量、人均 GDP 和农业产值占国民生产总值的比重指标都显著，人口总量、人均 GDP 和农业产值占国民生产总值比重的增加，水面围垦利用将增加，系数与预计相符。城市化指标是用非农业人口占被研究区域人口的比重指标做逻辑替代，由于衡量城市化的指标采取的是人口城乡结构，而不是城市建设用地占研究区域的土地面积，因此，这个指标不显著应与历史时期的人口变动有关：既有人口的城乡结构变动，也有人口的数量变动。20 世纪 50 年代中后期，由于受区划变更以及"大跃进"的影响，大量农村人口倒流入城，该区域城市人口迅速增加；60 年代初期，受自然灾害和国民经济三年严重困难的影响，人口略有下降，60 年代后期，特殊历史时期的"上山下乡"政策使得人口流向农村，整个 60 年代至 70 年代早期，人口是从城市向农村流动，农业人口回升。在这个过程中，人口的数量也发生波动，60 年代初期，自然灾害和国民经济三年困难的影响，人口略有下降，中期人口发展平缓，后期的“上山下乡”，人口再次下降，70 年代起又实行计划生育，人口发展得到相应控制，人口发展速度较平缓。人口增加将增加对粮食的消费，进而增加对耕地资源的需求，而这个时期，人口是缓慢的变动态势，东太湖区却存在极强的水面利用，可见城市化率指标影响效果并不显著。

本书假设经济的发展将使得水面围垦利用加强，现在的分析表明，经济的增长带来水面利用的增强，事实上第一节基于水面的太湖湿地利用模型实证分析清楚表明水面利用呈现倒“U”形，在此基础上，进一步分析环东太湖区域社会发展历史，可以发现一个特殊时期——20 世纪 60 ~ 70 年代。在 20 世纪 60 ~ 70 年代，片面强调“以粮为纲”，“菜农不吃商品粮”，限制农民家庭副业，农业结构单一，种植业得到迅猛发展。以苏州市为例①，1952 年种植业占农业比重的 64.9%，1957 年降至 60.3%，而在 1965 年升至 70%，1976 年为 72%，明显下降是在 1976 年以后。而发展种植业，一方面是提高生产技术、增加粮食品种，比如苏州市在 20 世纪 60 年代推广水稻优良品种，大幅度提高粮食单产，1965 年达到亩产 441 公斤，相对于 1949 年增长了 1.5 倍，70 年代初又全面推广双季稻，改进栽培技术，继续增加了水稻产量；另一方面是扩大耕地，而东太湖区域历史上农业发展成熟，陆地上可耕地资源已经被开发利用殆尽，这时对水资源投入资本，将水面转为耕地就成为必然，由此，改革开放前的 20 世纪 60 ~ 70 年代，东太湖区水面利用还有一个重要驱动力，那就是当时特殊环境下强调“以粮为纲”的政策。

（二）1980 ~ 2003 年阶段的影响因素的定性分析

1980 ~ 2003 年的水面利用相对于改革开放前是显著降低，尤其是 2003 年之后，正如第三章分析的，2003 年之后太湖湿地不仅没有围垦水面的现象，甚至出现了湿地的生态修复工程，东太湖区水面是逐渐增加的。但是仍有必要分析 1980 ~ 2003 年的水面利用，分析其影响因素，鉴于数据的限制，本书无法对水面利用作计量分析，但是，仔细分析东太

① 数据来源于苏州市农业委员会内部资料。

湖区水面（围垦）的利用类型及阳澄区、淀泖区、杭嘉湖区经济发展态势，可以对这个时间段的影响因素有个初步认识。分析图4－4可知，虽然水面利用是在减少，但是依然存在一个波动趋势，考虑到2000年之后围垦的主要因素是取土围堰，从建筑工程学科这个角度来分析，取土围堰属于临时性工程措施，因此总体上是呈现递减态势（此处，本章不再强调2003年之后东太湖区水面的恢复实情），而且用地类型多样化，尤其是农业生产用地型的围垦量迅速减少。

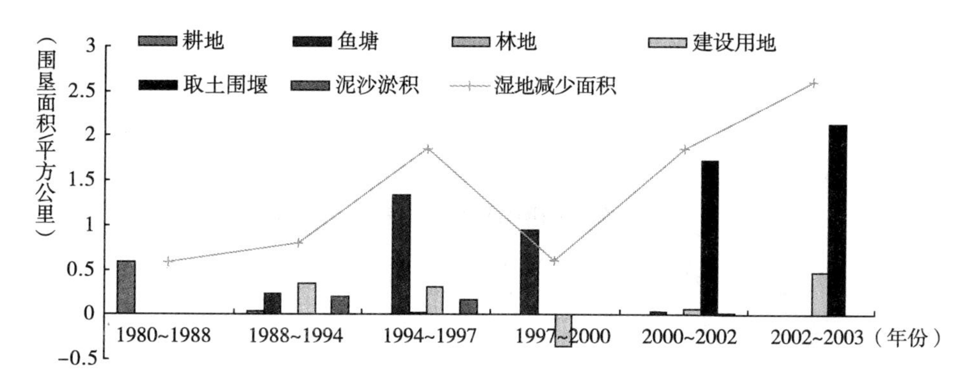

图4－4 改革开放后东太湖区水面围垦利用类型

资料来源：中科院南京地理与湖泊研究所内部资料。

图4－4的数据表明，围垦面积中，耕地面积所占比重逐渐减少，在1994年之后已经没有用于种植业的围垦水面，而用于鱼塘的围垦面积逐渐增加，1994～1997年出现峰值。围垦用地中，工程建设用地所占比重越来越大，2000～2002年占湿地减少面积的96.52%，2002～2003年，所有减少的面积都用于建设用地。这就有必要分析沿东太湖区的杭嘉湖区和阳澄淀泖区的产业结构、农业生产结构、粮食生产以及城市建设的发展态势。

从三次产业结构来看，改革开放以来，杭嘉湖区和阳澄淀泖区第一产业产值（按照当年价格进行计算）占该区域国民经济的比重呈现大幅度的下降，从改革开放初期1980年的26.98%降低到2003年的5.33%，共计下降了21个百分点，第三产业由改革开放初期的17.61%上升至36.12%（见图4－5）。

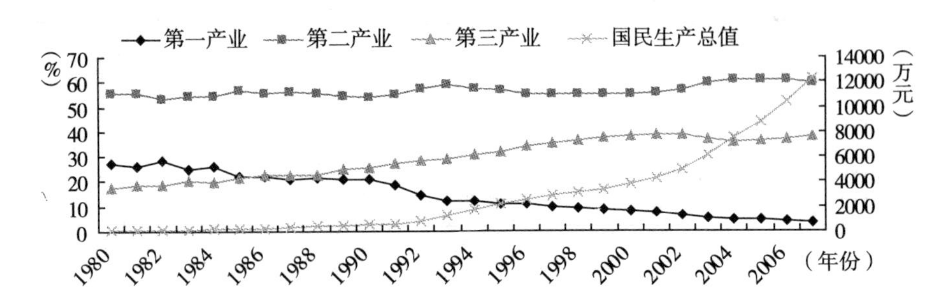

图 4-5 杭嘉湖区和阳澄淀泖区三种产业结构变动

资料来源：经济数据来源于镇江、无锡、常州、上海、苏州、杭州、湖州和嘉兴等市历年统计年鉴，再根据杭嘉湖和阳澄淀泖区的流域面积、人口、农业人口、农业用地分别占太湖流域相应指标总量的比重计算。

再分析杭嘉湖区和阳澄淀泖区的种植业在农业中的变动情况（见图 4-6），农业内部构成中，小农业（种植业）生产持续萎缩，由 69.14% 下降至 47.62%，渔业产值占农、林、牧、渔总产值的比重却由 1980 年的 2.68% 上升至 2003 年的 22.4%，增加了近 20 个百分点，杭嘉湖区和阳澄淀泖区渔业生产发展迅速，这段时期农业内部结构调整，呈现农、林、牧、渔、副业全面发展的态势。数据也表明，在 2003 年之后渔业产值出现下降，这恰恰与东太湖区周边地区退渔还湖、进行生态恢复工程建设的时间相吻合。

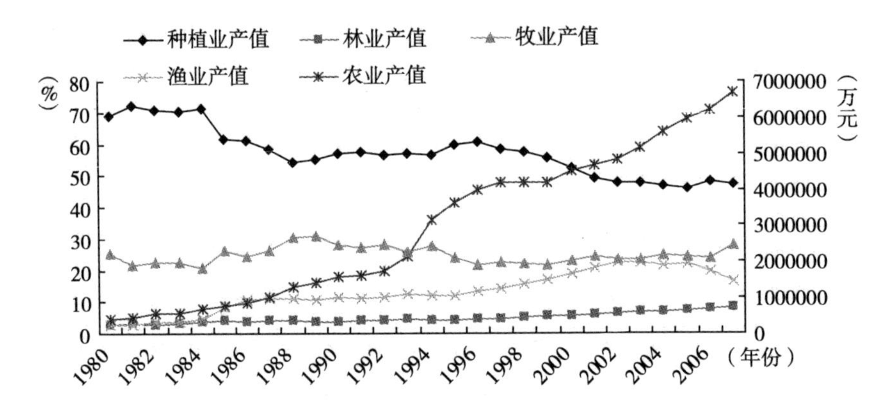

图 4-6 杭嘉湖区和阳澄淀泖区农业产业结构变动

资料来源：经济数据来源于镇江、无锡、常州、上海、苏州、杭州、湖州和嘉兴等市历年统计年鉴，再根据杭嘉湖和阳澄淀泖区的流域面积、人口、农业人口、农业用地分别占太湖流域相应指标总量的比重计算。

再分析粮食产量的变动，图 4 -7 表明，农作物总播种面积和耕地面积都持续减低，作为杭嘉湖区和阳澄淀泖区农业生产主要成分的种植业生产不断调减，但是粮食单产在耕地面积和农作物播种面积持续减低的情形下相对于 1980 年依然增加了 13.7%，尤其是 20 世纪 80 年代后，因农业产业结构调整，农业劳动力向乡村工业转移，种植业用地向菜地和基建用地变动。对临近东太湖区的苏州市历史时期（1980 ~ 2007 年）的粮食播种面积和粮食单产分析也发现粮食作物播种面积占农作物播种面积的比重由 1980 年的 78.55% 下降到 2003 年的 54.6%，与此同时，粮食单产由 1980 年的 4233 公斤/公顷递增到 2003 年的 6135 公斤/公顷，在粮食播种面减少的情况下，粮食生产技术却提高了（见图 4 -7）。

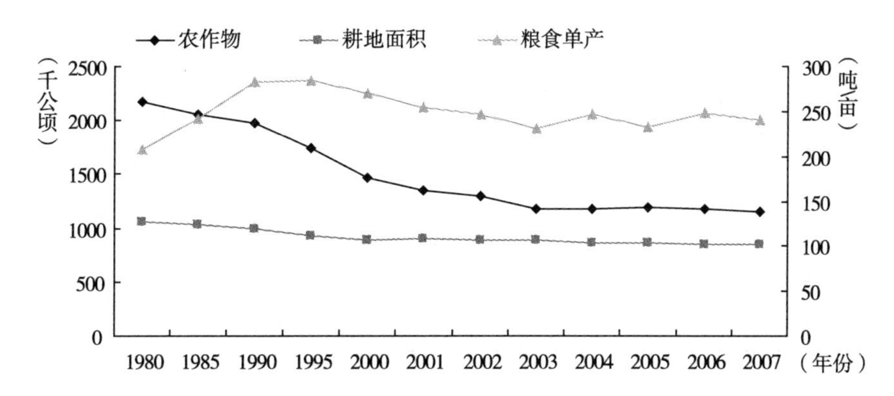

图 4 -7　杭嘉湖区和阳澄淀泖区农作物总播种面积、耕地面积和粮食单产变动

资料来源：苏州市粮食播种面积和粮食单产数据来源于苏州市农业委员会内部资料。

伴随着耕地面积的减少，城市建设用地却在逐渐增加，图 4 -8 表明杭嘉湖区和阳澄淀泖区耕地面积呈现递减态势。临近东太湖区的苏州市水面利用强度最大，分析苏州市建设用地的变化更能说明问题。图 4 -9 表明苏州市的耕地面积和城市建设用地呈现明显的反向发展态势，苏州市的耕地面积由 1980 年的 374.29 千公顷减少至 2003 年的 281.09 千公顷，建成区面积却由 1990 年的 37.1 平方公里递增到 2003 年的 150 平方公里。

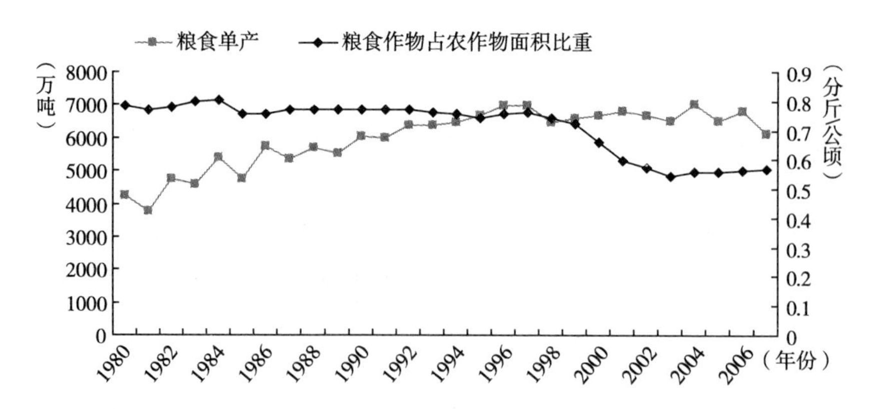

图4－8 苏州市粮食播种面积与农业播种面积比值和粮食单产变动

资料来源：苏州市粮食播种面积和粮食单产数据来源于苏州市农业委员会内部资料。

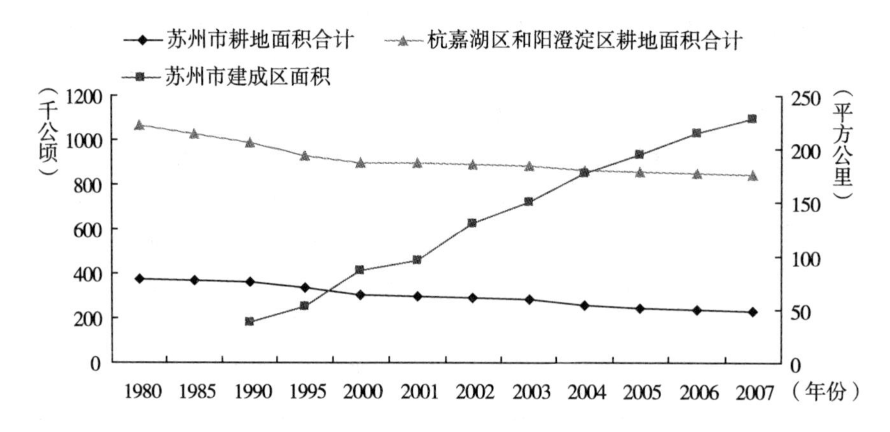

图4－9 苏州市、杭嘉湖和阳澄淀泖区耕地面积与苏州市建成区面积变动

资料来源：杭嘉湖区和阳澄淀泖区数据来源于镇江、无锡、常州、上海、苏州、杭州、湖州和嘉兴等市历年统计年鉴，再根据杭嘉湖区和阳澄淀泖区的流域面积、人口、农业人口、农业用地分别占太湖流域相应指标总量的比重计算。苏州市数据来源于苏州市农业委员会内部资料。

沿东太湖区的杭嘉湖区和阳澄淀泖区的产业结构、农业生产结构、粮食生产以及城市建设的发展态势表明，东太湖区水面（围垦）变化的态势与该区域的产业结构、农业生产结构、粮食生产变动以及城市化进程是耦合的。三种产业结构的变动、种植业比重的下降以及粮食生产技术的提高减少了对耕地的需求，而1990～2000年民众对水产品消费的增加，要求发展水产业，这就推动了水面网养的发展，城市化进程的加快促进了土地转化为建设用地的动力。可见，产业结构的变动、农业生产结构的调整、农业生产技术的进步和城市化进程的加快是改革开放后东太湖区水面（围垦）变动趋势呈现多样化的驱动力。

四　主要因素对太湖湿地利用影响的计量分析：基于水质的实证

根据本章第一节、第二节的影响因素分析，本书建立如下的经济计量模型来探讨分析各种因素对1980～2009年东太湖区水质的影响，模型形式如下：

水质 = F（人口总量、产业结构、文化特征、经济规模）

$$y = \beta_0 + \beta_1 x_1 + \beta_2 x_2 + \beta_3 x_3 + \beta_4 x_4 + \mu$$

其中，y表示东太湖区水质，以综合营养指数表示；x_1表示人口总量；x_2表示产业结构；x_3表示技术进步；x_4表示经济规模。

（一）变量的选取

解释变量的指标分别采用：X_1采用区域人口数量总和，单位为人；X_2采用第三产业占国民生产总值的比重，单位为%，因为在经济发展过程中，第三产业所产生的污染较小，环太湖湿地周边区域经济结构分析表明，该区域的第三产业变动现象显著；X_3采用单位工业产值排污量（万元工业产值排污量）来测定环境技术水平，这是由于第二产业尤其是工业部门是产生环境污染的主要源泉，而且根据江苏省环保厅内部资料，太湖流域废污水排放量中工业废水占排放总量的60%，探讨工业部门环境保护技术进步对水质的影响是可行的，因此，选择该指标作为技术进步的逻辑替代（为1978年不变价格）；X_4采用研究区域国民生产总值，单位为元（1978年不变价格）如表4－6所示。

表 4-6 影响东太湖区水质变化的可能因素及预计关系

影响因子	变量	变量代码	预计对水质变化的作用方向
人口总量	人口数量总和	X_1	+
产业结构	第三产业占国民生产总值的比重	X_2	-
技术进步	万元工业产值排污量	X_3	-
经济规模	国民生产总值	X_4	+

注："+"表示东太湖区水质恶化；"-"表示东太湖区水质改善。

（二）数据来源

根据太湖流域分区，国民生产总值、第三产业产值、人口数量总和的数据来源于《数据见证辉煌：江苏 60 年》《浙江 60 年统计资料汇编》以及镇江、无锡、常州、上海、苏州、杭州、湖州和嘉兴等市历年统计年鉴，再根据研究区域人口占流域人口比重进行换算，由于区域人口占流域人口比重是根据历年文献的总结得出的数据，可能会存在误差。单位工业产值排污量：工业产值数据来源于各市历年统计年鉴和《数据见证辉煌：江苏 60 年》《浙江 60 年统计资料汇编》，1991～2009 年单位工业产值排污数据来源于苏州、杭州、湖州和嘉兴市环保局内部资料，1991 年之前缺失数据来源于《中国环境统计资料汇编（1981～1990）》，[①] 对于各市依然缺失数据根据年度发展趋势进行推算，缺失的工业废污水排放量根据历年浙江省、江苏省各市工业废污水排放量占各省的工业废污水排放量的比值进行推算。再对收集整理的数据进行几何平均。水质数据来源于水利部太湖流域管理局、江苏省环境监测站的长期观察和监测数据和中科院南京地理与湖泊研究所太湖湖泊生态系统国家野外观测研究站的观测数据，并对源数据进行处理。

（三）计量分析

对方程取双对数进行回归，得到回归统计结果（见表 4-7）。

① 中国国家环境保护总局：《中国环境统计资料汇编》，中国环境科学出版社，1994，第 240～433 页。

表 4-7　基于水质（1980~2009 年）的回归分析估计结果

解释变量	OLS	
	估计值（t 检验值）	t 检验值
截距项	-7.902	-1.380
人口总量	1.476	2.858***
第三产业占国民生产总值的比重	-0.174	-2.951***
万元工业产值排污量	-0.029	1.281
国民生产总值	0.088	2.857***
调整后 R^2	0.933	
F 统计值	102.054	
P 值	0.0000	

注："***"表示 t 检验值达到 1% 时的统计显著水平；"**"表示 t 检验值达到 5% 时的统计显著水平；"*"表示 t 检验值达到 10% 时的统计显著水平。

分析过程中数据表明（见表 4-7），F 统计检验十分显著，而系数符号与理论预期一致；除万元工业产值排污量指标外，从 T 检验值来看，所选的影响水质的因素都通过了统计检验。在 1% 的显著水平下，收入水平与水质恶化之间存在正相关性，符合太湖湿地水环境变动背后的经济发展态势，国民生产总值每增加 1%，富营养化程度增加 0.088%。产业结构与水质好转在 1% 的显著水平上，存在负相关关系，从弹性系数上来看，第三产业占国民生产总值比重每增加 1%，富营养化程度降低 0.174%，这与预期理论一致。从回归结果来看，人口总量与水质之间在 1% 的显著水平上存在正相关性，人口数量增加，将加大水环境的压力，水质趋向恶化，从系数来看，人口总量每增加 1%，富营养化程度将增加 1.476%。万元工业产值排污量指标数据不显著，可能与得到的数据质量不良有关。

从上述分析可以得到如下主要结论：东太湖区水质受人口数量、经济活动和产业结构的影响。人口总量和经济活动是推动东太湖区水质恶化的主要因素，主要是经济发展的特定阶段所主导的。产业结构是诱致东太湖区水质好转的重要因素，研究区域产业结构实现了转型，对水环境污染贡献小的第三产业所占比重增加降低了东太湖区水环境污染负荷，经济发展带来的产业结构变动是现阶段研究区域水环境质量转变的重要因素。

五 主要因素对太湖湿地利用影响的计量分析：基于水量的实证

湖泊水量的变化是个复杂的因素，第三章已经分析到，工业、农业与生活用水都能影响到湖泊水量的变化，而且用水结构的变化对湖泊水量变动也存在影响，而区域的气候特征也是影响水量变化的重要因素。再进一步分析东太湖区产业用水的演变态势，可以发现，在1978~2009年的30余年时间里，研究区域用水增长率平均为1.98%左右，GDP增长率为13.80%。其中，2007年研究区域用水总量比1978年增长2.39%，同期GDP增长了14.00%；而2009年研究区域用水总量比2007年下降了3.76%，而同期GDP增长了10.86%，可见，在用水增长率下降的同时，也可以实现经济的高增长率。从用水数量来看，1978~2009年，工业用水量平均增长率为6.28%；农业用水量平均递减率为1.27%；生活用水量平均增长率为2.72%，但是，从2007年开始，工业用水呈现递减趋势，工业用水量呈现倒“U”形曲线，总用水量也出现同样的发展态势（见图4-10）。

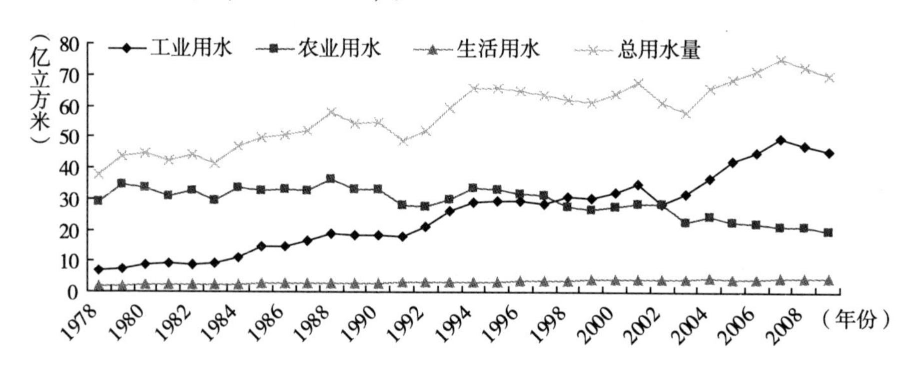

图4-10 东太湖研究区域产业用水演变态势

从用水结构来看（见图4-11），工业用水和生活用水态势呈现递增态势，农业用水呈现递减态势。

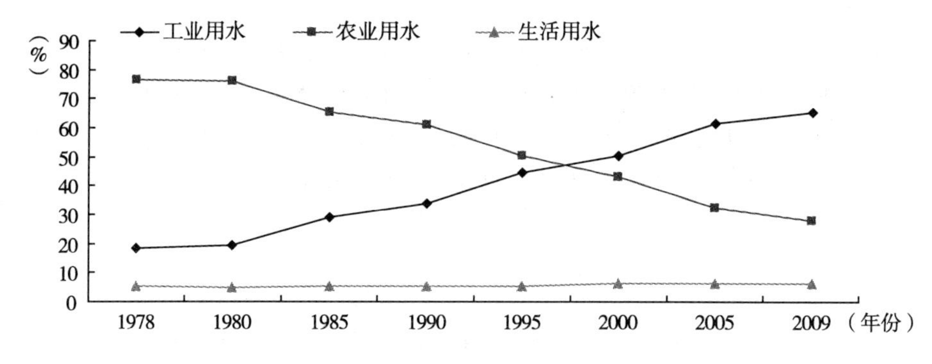

图 4－11　东太湖研究区域产业用水结构演变态势

数据表明（见图 4－11），人口的增长及其产生的消费需求的变动必然会使人类活动所产生的生产用水、生活用水无论是在数量上还是在结构上都出现显著变动，因而也对研究区域湿地水量变动产生影响，因此有必要分析影响工业用水、农业用水和生活用水的因素。鉴于一个多元回归方程不能准确地剖析人类社会经济活动和自然环境特征对东太湖湖区湖泊水量的变化的影响，为了更准确地瞄准变动影响因子，本书根据本章第一节、第二节的影响因子分类，建立湖泊水量、工业用水、农业用水和生活用水的经济计量模型来探讨分析各种因素对 1978～2009 年东太湖区水量的影响，首先分析人口规模、经济因素以及天气特征对湖泊水量（考虑流域降水与用水消耗后的入湖水量）的变动影响，再分析影响工业用水、农业用水和生活用水的影响因子。模型形式如下：

湖泊水量方程 = *F*（人口规模、经济因素、天气特征）

工业用水 = *F*（经济规模、产业结构、政策因素、技术进步）

农业用水 = *F*（政策因素、技术进步、气候特征）

生活用水 = *F*（收入水平、消费水平、文化特征、政策因素、气候特征）

其中，气候特征又可分解为降雨量和年平均气温，具体形式如下：

$$lakeW = peopW + econW + cliaW_1 + cliaW_2$$

$$indW = ind + Zind/ind + polii + tech$$

$$liveW = inco + cons + cult + polil + cliaW_1 + cliaW_2$$

$$agrcW = planA + polia + tech + cliaW_1 + cliaW_2$$

其中，*lakeW* 代指湖泊水量，*peopW* 代指人口规模，*econW* 代指经济规模，*indW* 代指工业用水，*liveW* 代指生活用水，*agrcW* 代指农业用水，$cliaW_1$ 指年降雨量，$cliaW_2$ 指年平均气温，*indW* 代指工业用水，*ind* 代指工业产值，*zind/ind* 代指产业结构；政策因素中，*polii* 代指工业用水价，*polia* 代指农业用水价，*polil* 代指生活用水价，*tech* 代指技术进步。*inco* 代指收入水平，*cons* 代指消费水平，*cult* 代指文化特征，*planA* 代指农业生产规模。

（一）变量的选取

1. 指标的特别说明

生活用水：由于水价是政府采用的重要的经济杠杆，水价的高低可以对用水量产生影响。因此，政策因素中采用水价作为政策因素的替代指标。

农业用水：经济的增长是用水量增加的直接驱动力，采用农业产值作为农业用水领域经济规模的替代指标。农业用水有个显著特征，就是灌溉用水占了农业总用水量的很大比重，农业用水领域的技术进步采用农业用水效率来衡量。农业用水效率是指单位立方米用水所能生产的农产品数量，有些文献采用单位立方米耗水所生产的粮食作物经济产量来衡量，即粮食作物水分生产力（水分利用效率），公式为粮食总产量＝粮食作物与粮食作物总耗水量（被作物以实际蒸散形式形成经济产量的水量）的比重。鉴于数据的可采集性，本书采用粮食单产作为农业用水技术进步的指标，理由是在作物耗水率相同的情况下，提高单产，则提高了水分生产力，苏州、杭州、嘉兴、湖州四市所在阳淀－杭嘉湖流域属于中国农业生产区的东南区，根究研究结果表明，该区域粮食单产和水分生产力变化趋势基本吻合，[①] 因此本书采用粮食作物单产作为农业用水领域技术进步的逻辑替代。政策影响因子选择农业用水价格作为价格政策因素。

工业用水：工业结构不同所需水资源也不同，金属冶炼、化工等嗜

① 李保国、彭世琪：《1998～2007 年中国农业用水报告》，中国农业出版社，2009，第 63～65 页。

水性工业比重越大，对水资源的需求也就越大，前文对环太湖湿地周边地区改革开放后的产业发展分析已经表明，化工、金属冶炼工业行业对研究区域国民经济的贡献很大，所以本书采用重工业占工业比重作为工业结构在工业用水量分析中的替代指标。工业用水领域的技术进步采用万元产值工业废水排放量作为工业用水领域较为宏观的技术进步参数，基于产业生产水平的提高、节水措施的改进以及用水管理水平的改善，可以降低工业废水排放量。采用工业用水单价作为工业用水价格政策的指标。

生产、生活回水：参照第四章第一节中关于生产、生活回水问题的分析，农业生产领域的回水主要是考虑水田灌溉回水，水田灌溉占农业用水的95%，水田灌溉用水的30%左右为回归水体。太湖流域工业回水参照生产的废水排放量计算，可以依据流域工业生产总值和万元产值废水排放量来计算。太湖流域居民生活污水分为城镇人口生活污水和农村人口生活污水，城镇居民生活污水排放系数取平均值180升/（天·人）；农村居民生活污水排放系数取平均值71.7升/（天·人）。

2. 变量的选取

生活用水方程中，*inco* 采用人均可支配收入，*cons* 采用人均消费支出，*cult* 采用6岁及6岁以上人口中高中及中专以上文化占总人口比重。农业用水方程中，*planA* 采用研究区域农业产值（按1978年不变价），*polia* 采用研究区域农业用水价格，*tech* 采用粮食作物单产。工业用水方程中，*ind* 采用研究区域工业产值（按1978年不变价），*zind/ind* 采用重工业占工业产值比重，*polii* 采用工业用水价，*tech* 采用万元产值废水排放量（按1978年不变价）。

（二）数据来源及处理

农业用水、工业用水和生活用水指标来源于水利部太湖流域管理局内部资料。

国民生产总值、工业产值、重工业产值、农业产值、人口数量总和、人口结构的数据来源于《数据见证辉煌：江苏60年》《浙江60年统计资料汇编》以及镇江、无锡、常州、上海、苏州、杭州、湖州和嘉兴等市历年统计年鉴，再根据研究区域人口占太湖流域总人口比重进行换算，由于区域人口占流域人口比例是根据历年文献的总结得出的数据，可能会存在误差。

人均可支配收入和人均消费支出来源于苏州、杭州、湖州和嘉兴等市历年统计年鉴，并进行加权平均得到研究区域的人均可支配收入和人均消费支出。

6岁及6岁以上人口中高中及中专以上文化占研究区域总人口比重数据来源：由于各市统计数据不全，因此采用江苏、浙江两省的数据进行加权平均。1982年、1987~2008年数据根据《新中国60年统计资料汇编》和历年中国人口普查数据江苏省与浙江省的抽样调查数据进行加权计算获得，1980~1981年、1983~1986年数据根据1982年、1987~2008年的数据进行估算。

工业用水价、农业用水价、生活用水单价数据来源于苏州、杭州、湖州和嘉兴市历史时期的文件[①]以及《苏州市水利志》《杭州市水利志》《嘉兴市水利志》和《湖州市水利志》，根据文件和水利志信息，研究区域的水价变革分为4个阶段：1982年初步建立了有偿供水制度的第一次水费改革阶段；1989年确立供水成本核算观念的第二次水费制度改革阶段；1995年按供水成本确定水价标准的水价形成机制阶段和2000年供水市场化运作阶段。因此，1982~2005年的水价是依据这4个阶段对苏州、杭州、湖州和嘉兴市水价加权平均得到的，2006年之后的水价依据各市每年实际进行调整适用的水价进行加权平均，1978~1981年水价是计划价格，在1982年水价的基础上乘以50%的系数得到，所有水价均用价格指数剔除物价因素的影响。

粮食作物单产根据苏州、杭州、湖州和嘉兴市历史时期粮食作物单产进行几何平均。

万元产值废水排放量数据：1981~2009年之前的数据来源于苏州、

① 江苏省水利厅内部资料、浙江省水利厅内部资料。

杭州、湖州和嘉兴市环保局内部资料，对于各市依然缺失数据根据年度发展趋势进行推算，再对收集整理的数据进行几何平均。

年降雨量和年平均气温数据来源于苏州、杭州、湖州和嘉兴市历年统计年鉴数据以及国家气象基准站太湖西山站、苏州站，并对这两个来源的数据进行平均，取其平均值。

（三）湖泊水量方程分析

影响湖泊水量的可能因素的预计关系见表4－8。

表4－8　影响湖泊水量变化的可能因素及预计关系

影响因子	变量	变量代码	预计对水量变化的作用方向
人口规模	人口总量	*peopW*	－
经济规模	国民生产总值	*econW*	－
天气特征	年平均降雨量	$cliaW_1$	＋
	年平均气温	$cliaW_2$	－

注：“＋”表示东太湖区水量增加；“－”表示东太湖区水量减少。

对方程进行回归，回归结果见表4－9。

表4－9　基于水量（1978～2009年）的回归分析估计结果

解释变量	OLS	
	估计值	t检验值
截距项	61.170	2.452
人口总量	－0.074	－2.265**
国民生产总值	－0.0003	－0.333
年平均降雨量	0.033	3.564***
年平均气温	－0.510	－0.292
调整后的 R^2	0.739	
F－统计值	20.129	
P值	0.0000	

注：“***”表示t检验值达到1%时的统计显著水平；“**”表示t检验值达到5%时的统计显著水平；“*”表示t检验值达到10%时的统计显著水平。

湖泊水量影响因素分析表明（见表4－9），F统计检验显著，符合规范，除国民生产总值和年平均气温外，其余指标的t统计检验十分显著，系数符号与理论预期一致。在5%的显著水平下，人口规模与湖泊水量变动之间存在负相关性，年平均降雨量与湖泊水量的变动之间存在正相关性；人口总量相对于年平均降雨量对东太湖区水量的变动影响更大，可见，人口的增长对湖泊水量变动的影响已经超过自然因素的影响。年平均气温与湖泊水量变动的相关性不显著，可能是该区域属于北亚热带海洋性湿润气候地带，梅雨显著且多受台风影响，因此降水更为显著。

（四）进一步探讨

对东太湖区湖泊水量变动的分析表明，人口数量影响着湖区水量变动，人口的增长必然增加相应的消费，现对影响工业、农业和生活用水的因素进行分析。

1. 农业用水方程分析

影响农业用水的可能因素及预计关系见表4－10。

表4－10　影响农业用水的可能因素及预计关系

影响因子	变量	变量代码	预计对水量变化的作用方向
技术进步	粮食单产	*techa*	－
经济规模	农业产值	*planA*	+
价格政策	农业用水单价	*polia*	－
天气特征	年平均降雨量	$cliaW_1$	－
天气特征	年平均气温	$cliaW_2$	+

注：“+”表示农业用水增加；“－”代表农业用水减少。

用EVIEWS软件对方程进行双对数估计，得到结果（见表4－11）。

表4－11　影响农业用水（1978～2009年）的回归分析估计结果

解释变量	OLS	
	估计值（t检验值）	t检验值
截距项	－7.150	－1.655
粮食单产	0.941	3.248***

续表 4－11

解释变量	OLS	
	估计值（t 检验值）	t 检验值
农业产值	－0.184	－2.116**
农业用水单价	－0.137	－2.706***
年平均降雨量	0.053	0.497
年平均气温	0.667	0.710
调整后的 R^2	0.671	
F－统计值	13.647	
P 值	0.0000	

注："***"表示 t 检验值达到 1% 时的统计显著水平，"**"表示 t 检验值达到 5% 时的统计显著水平，"*"表示 t 检验值达到 10% 时的统计显著水平。

农业用水影响因素分析表明（见表 4－11），农业用水单价 t 统计检验十分显著，系数符号与理论预期一致，在 1% 的显著水平下，农业用水单价与农业用水量，存在负相关关系，从弹性系数上来看，农业用水单价每增加 1%，农业用水量降低 0.13%，农业用水价格政策还是有效的，农业用水单价对农业用水有影响，但是影响有限。粮食单产和农业产值指标的 t 统计检验十分显著，但是系数符号与理论预期不一致。粮食单产与农业用水的相关性表明：粮食单产的提高主要是生产技术的进步，而不是节水措施的改进，这可能与太湖流域充沛的降水有关，因此粮食生产还有节水空间；对农业产值与农业用水的简单回归分析表明，两者是呈现负相关的，事实上，1978 年以来，农业产值总体上是呈现递增趋势，而农业用水量呈现递减趋势，这说明农业生产效率还是有提高的。

2. 工业用水方程分析

影响工业用水的可能因素及预计关系如表 4－12 所示。

表 4-12　影响工业用水的可能因素及预计关系

影响因子	变量	变量代码	预计对水量变化的作用方向
技术进步	万元产值废污水排放量	*Techi*	+
经济规模	工业产值	*ind*	+
产业结构	重工业占工业中比重	*Zind*	+
价格政策	工业用水单价	*polii*	-

注："+"表示工业用水增加，"-"代表工业用水减少。

对模型取双对数得到回归统计结果（见表 4-13）。

表 4-13　影响工业用水（1978~2009 年）的回归分析估计结果

解释变量	OLS	
	估计值（t 检验值）	t 检验值
截距项	-3.979	-3.368
万元产值废污水排放量	0.208	4.0950***
工业产值	0.510	8.022***
重工业占工业中比重	-0.076	-0.205
工业用水单价	-0.037	-2.222**
调整后的 R^2	0.974	
F-统计值	301.854	
P 值	0.0000	

注："***"表示 t 检验值达到 1% 时的统计显著水平，"**"表示 t 检验值达到 5% 时的统计显著水平，"*"表示 t 检验值达到 10% 时的统计显著水平。

工业用水影响因素分析表明（见表 4-13），F 统计检验十分显著，万元产值废污水排放、工业产值、工业用水的系数符号与理论预期一致。在 1% 的显著水平下，万元产值废污水排放量、工业产值与工业用水之间存在正相关性，系数每增加 1%，工业用水量分别增加 0.208%、0.51%，通过降低万元废水排放量，提高工业用水环节中的利用效率可以降低工业用水；在 5% 的显著水平下，用水单价与工业用水量，存在负相关关系，从弹性系数上来看，用水单价每增加 1%，工业用水量降低 0.037%，这与预期理论一致，水价对工业用水有显著的影响，但是影响有限，长期以来水价并没有完全、彻底走向市场，提高工业用水单价可以有效地节约水资源。重工业占工业中比重指标与预期符号相反，这可能是工业用水重复利用率等技术进步使得重工业比重提高的同时降低了用水量，但是其对工业用水的影响有限。

3. 生活用水方程分析

影响生活用水的可能因素及预计关系如表4－14所示。

表4－14　影响生活用水的可能因素及预计关系

影响因子	变量	变量代码	预计对水量变化的作用方向
收入水平	人均可支配收入	*inco*	－
消费水平	人均消费支出	*cons*	＋
价格政策	生活用水单价	*polil*	－
文化特征	高中及中专以上文化人口占研究区域总人口比重	*cult*	待定
天气特征	年均降雨量	$cliaW_1$	－
	年平均气温	$cliaW_2$	＋

注：“＋”表示生活用水增加；“－”代表生活用水减少；“待定”表示该因子对生活用水的影响有待分析。

对方程取双对数得到估计结果（见表4－15）。

表4－15　影响生活用水（1978～2009年）的回归分析估计结果

解释变量	OLS	
	估计值（t检验值）	t检验值
截距项	1.117	0.817
人均可支配收入	－0.348	－2.093**
人均消费支出	0.591	3.727***
生活用水单价	－0.026	－2.857***
高中及中专以上文化人口占研究区域总人口比重	0.054	1.484
年均降雨量	0.069	1.133
年平均气温	－0.187	－0.408
调整后的R^2	0.973	
F－统计值	190.836	
P值	0.0000	

注：“***”表示t检验值达到1%时的统计显著水平；“**”表示t检验值达到5%时的统计显著水平；“*”表示t检验值达到10%时的统计显著水平。

生活用水影响因素分析表明（见表4－15），F统计检验十分显著。在1%的显著水平下，人均消费支出与生活用水之间存在正相关性，系数每增加1%，生活用水量增加0.591%，这可能与民众进入了耗水较高的消费领域有关；生活用水单价与生活用水之间存在负相关性，系数每增加1%，生活用水量减少0.026%，从弹性系数上来看，这与预期理论一致，水价对生活用水有显著的影响，但是影响有限，长期以来水价并没有完全、彻底走向市场，提高生活用水单价可以有效节约水资源。在5%的显著水平下，人均可支配收入每增加1%，生活用水减少0.348%，这与许多文献假定的用水与收入水平之间呈现线性增长相吻合，人均可支配收入与人均消费支出与生活用水相关分析存在的预期差异里面还隐含着人类需求结构变动的因素。简而言之，收入水平高，水资源这些基本消费是微不足道的，但是会消费奢侈型的涉水商品，这会提高水资源的消费。文化特征与用水的关系不显著，这可能与文化特征的数据质量有关。降雨量和气温因素与用水消费相关性不显著。表4－15的分析说明，该研究区域人类生活用水实际上更多的是与人类社会经济发展过程中产生的需求相关。

（四）小结

在影响湖泊水量变动的影响因子中，年平均降雨量是自然因素，但是自然因素是处于混沌状态的，人口数量的持续增加必将产生对水资源需求的增加（见表4－9）。工业用水、农业用水和生活用水是人类生产、生活产生的用水量，提高人类对水资源利用效率有利于湖泊水量的良性发展态势。对农业用水、工业用水和生活用水的影响因素分析表明，人类可以调控自己的行为来降低用水。农业领域（见表4－11）：农业用水单价对农业用水影响大，人类可以通过提高这个指标来减少用水；农业产值和农业用水的负相关性表明，农业生产效率是提高的，虽然相关分析表明粮食单产与农业用水的特殊性，可能不是因节水措施的推广使得粮食生产增加的同时降低了耗水量，但是通过生产技术革新，提高单位产量，在消耗相同水量的情形下增加粮食生产，最终可能是农业领域降低用水量的途径之一。工业领域（见表4-13）：工业生产部门不可能通过降低产出来减少用水量，这是不符合逻辑的，但是对工业用水的影响因素分析至少说明，工业部门水资源的消耗还有降低的空间。因此，产业部门通过技术进步，降低万元产值废污水排放量、提高用水效率是可行的；政府通过价格政策引导，充分运用价格杠杆可以使工业部门用水结构和数量产生诱致性的变迁，降低耗水量。生活领域（见表4-15）：人的生存对水资源的需求是不可或缺的，但是随着收入水平的提高，人类会追求享受更高层次的需求，对于满足基本生存的水资源的需求可能会降低，但是也会存在这一种情形，收入水平提高的人类会在奢侈类型的水资源消费上给予支付。因此，政府应充分利用价格杠杆使得人们结合自身情形产生合理的水资源的消费，现阶段，环太湖湿地周边区域的阶梯水价的实行是个比较及时的水资源管理政策措施。对农业用水、工业用水和生活用水的分析表明，值得关注的是用水单价是影响人类不同用水类型的用水量的共同、关键因素，应充分运用价格政策来调节水资源的消费，只有在生产、生活领域有效的、合理的降低水资源的消费，经济发展过程中湖泊水量变动在经过资源库兹涅茨曲线①的拐点后才不会倒退，从人类社会可持续发展角度而言，湖泊水量的良性发展趋势是符合人类根本利益的。

第三节　太湖湿地利用：理论解释

前述章节关于水质、水量与人均GDP的资源库兹涅茨曲线分析和对水面实际变化情况的描述表明，经济发展过程中，太湖湿地利用走向了成熟，水域围垦面积减少，水质的综合营养化指数趋于降低，湖区水量开始增加；对影响因素的刻画表明人类活动是湖泊湿地资源变动的重要驱动力。湖泊湿地资源演变特征绝不是自然环境演变所能解释的，而是

① 李周：《环境与生态经济学研究的进展》，《浙江社会科学》2002年第1期，第27~44页。

需要对经济发展过程中湖泊湿地资源的演变特征做出理论解释。

一 基于资源比较优势理论的解释框架

湖泊湿地是复杂的自然资源，具有多种资源特性，这些资源特征的演变在自然未受干扰的情况下是处于混沌状态，但是从人类对湖泊湿地利用历史来看，在某个阶段，总是存在某种或几种资源利用方式凸显的情形，因此，在不同的时期，对湖泊湿地各种资源利用的强度存在差异。基于发展经济学的观点，湖泊湿地资源的演变是经济发展的结果。

在经济发展过程中，人类对湖泊湿地资源的需求是有差异的，人类会根据自身发展的需要有选择的利用资源，增加或降低资源利用的强度，人类的需求结构的变动必定使得人类对自然界的自然资源的利用产生变动。在这个过程中湖泊湿地资源是客体，是被动的接受主体——人类的作用，当人类社会发展时，人类需求结构的变动会诱致湖泊湿地资源特征发生演变。在这个过程中，人类和湖泊湿地资源的关系不是单向的，是存在互动的，人类对某种资源的攫取，必定会影响这种资源在湖泊湿地中的数量，当数量达到一定临界点时，湖泊湿地资源就会发生质的变化。这种质变反过来对需求湖泊湿地这种资源属性的人类也会产生反作用，会影响人类对这种资源的消费，这时人类就会面临选择，继续消费这种资源、选择替代品或者是保护与利用相结合。如果继续消费这种资源，当资源的自生能力低于人类的利用强度时，这种资源最终会消亡；如果选择替代品，这种资源的利用强度就会降低，这种资源可能会得到恢复，资源的数量又开始增长；如果选择保护与利用相结合，那就是人类将在已有资源状态下选择资源的生态阈值，通过技术进步来实现资源利用和资源的有效再生相结合，这种状态下，资源的数量也会得到增长。当然上述的分析是在湖泊湿地资源与人类经济活动的相关性中进行分析，湖泊湿地资源还会因为替代资源使用的增加或减少而发生变动，边际替代效应在人类对湖泊湿地利用过程中同样会发生，这是因为人类的社会需求是多样性的，人类会根据需要选择其他自然资源或社会资源加工过的资源，在消费能力一定的情况下，替代品消费量的增加，会使湖泊湿地资源的消费相应减少。可见，人类需求和湖泊湿地资源比较优势的共同作用诱致湖泊湿地资源变动，如果这种变动是有利于湖泊湿地生态系统的稳定甚至好转，可以认为是在经济发展过程中，湖泊湿地利用走向了成熟。分析表明，人类的需求结构是促使湖泊湿地资源变动的根本原因。随着经济增长，人类的物质、精神需要不断变动，这也必将影响到湖泊湿地，人类会根据当时的社会条件，基于比较优势做出理性选择，湖泊湿地资源的存量和结构相应的会随着人类需求发生调整。

二 湖泊湿地利用走向成熟的解释

经济发展的核心内容是经济增长，经济增长就是满足人类不断增长的物质需求。太湖湿地利用历史表明，水面、水质和水量这三种资源特征变化是存在时间差的。早期对水面的围垦就是对水面投入资本，将水面转变为投入生产的土地要素，为经济的增长提供物资资本，土地投入促进了经济增长，带动了粮食的生产，满足了人类基本的物质生活需要，不可否认的是特殊时期的政策强化了这种对水面转变的需求。人的消费需求结构不是一成不变的，随着区域经济发展到一定程度时，物质财富的增加，区域社会的总收入上升到较高的水准时，人们将产生新的消费需求，人的消费需求结构发生改变，将诱致对湖泊湿地资源的需求产生变动，比如食品需求结构的变动，食品需求会发生转移，转向高价的食品，即随着收入水准上升，鱼、蟹等“保护性食品”将替代“产生热能的”诸如米、麦及其他谷物、马铃薯、红薯等食品，[①] 对太湖湿地生物资源的食品利用强度也会增加。对 1952～2003 年不同年度的统计数据分析表明，1952～2003 年，太湖水产品捕捞产量不断上升，年捕捞量由 4000 吨增长到 29769 吨，单位水域捕捞量达到了 122.62 千克/公顷，2009 年单位水域捕捞量更是达到了 148.29 千克/公顷（见表 4－16）。当

① 张培刚：《农业与工业化：农业国工业化问题初探》，华中工学院出版社，1988，第 22～28 页。

湖泊湿地自然生产的水生生物数量供给有限，不能满足人们的需要时，人们就会投入人力、货币资本来促进这些产品的生产，这时对水面的利用重新出现，对水面围垦的影响因素的定性分析已经表明，改革开放后的东太湖区围垦不再是发展种植业，而是发展满足人们对“保护性食品”的需求，这时，水面利用又得到人们的重视。

表4－16 太湖湿地主要年份的捕捞产量

单位：吨

年度	1952	1962	1972	1982	1992	2003	2009
鱼类捕捞量	7697.6	9913.7	13573.0	13804.1	29769.3	35453	42538

注：1952～2003年数据以及2009年太湖湿地水产品捕捞量数据来源于太湖渔业管理委员会内部资料。

但是，水面作为湖泊湿地资源，在经济发展过程中不是消费品，而是一种生产要素，具有“内生性”，水面只有在追加货币资本和劳动力投入时才会转为可投入生产的物资资料，在水面这种资源资本化过程发生前，水面不具有完整的商品属性，不具有可交易性，水只是具有有限供给性质的自然资源，依靠水面（围垦）的增加来提供水面要素对经济增长的贡献率显然不会起很大作用。

当经济发展到一定阶段时，产业结构发生变动，第一产业在国民经济中的比重逐渐降低，与此相适应，人们对湖泊湿地的资源特征有了进一步的认识，湖泊湿地的净化功能可以为人类提供福利，降解水污染，而市场失灵和政府政策的缺失使得湖泊湿地水资源的环境功能利用得到强化，因为其公共资源的特性。[①] 湖泊湿地水资源的净化功能禀赋相对于其水面要素更加丰富，而且相对于低廉的要素价格使得人们对水面的利用强度逐渐降低，因为污染物的无规制的排放可以降低其增长成本，以发展工业为特征的经济增长能带来更多的物质财富，显然人类对湖泊湿地水环境功能的利用相对于水面的围垦更具有比较优势。在这个过程

① 奥斯特罗姆：《制度分析与发展的反思——问题与选择》，王诚译，商务印书馆，1996，第7～9页。

中，人们可以不依赖单纯的外延式的土地扩大来增加粮食生产，借助于改善基础设施、创新种子肥料技术、提高生产率的内涵型扩大同样可以提高土地生产率，[①] 这也是湖区农业生产中化肥和农药使用量不断提高的过程。但湖泊湿地的水质不同于一般的自然资源，是典型的一般消费品，其收入弹性比整个自然资源的收入弹性要大，收入的增加会导致水质的改善。

水面和水量的减少会增加水环境的负荷，水环境污染会影响到环境质量。环境质量的变化将引起湖泊湿地对人类福利供给的变化：把环境质量以正的作用进入一件商品的生产函数时（或者当缩减的水面、水污染以负的作用进入时），可以把环境质量归为一个投入要素，环境质量的变化会引起生产成本的变化，继而影响到产出价格/数量或其他投入要素的回报。[②] 因此，人类对太湖湿地资源的利用过程中，对湖泊湿地生态环境会造成负面影响，以水面、水质和水量作为湖泊湿地资源质量的衡量指数的变化影响湖泊湿地滨湖气候、农业生态、水运等功能和生态效益的发挥。[③] 经济发展是个全面的概念，包含了稳定和持续的收入增长、减轻贫困、平等的收益以及环境质量，当经济增长持续进行，收入持续增长时也会导致湖泊湿地这些资源质量的改善。因为人均产值的增长率越是升高，消费者需求结构的变动也就越大。当人均供应递增时，需求结构本身重大变动的重点也发生移动，将从在人均产值处于较低水平的"必需品"范围向处在人均产值较高水平阶段的"奢侈品"和"高档"商品的范围移动。因此，物质生活水平的提高将使人们产生进一步的消费需求，不仅仅满足于停留在初期的消费阶段，而是开始渴望良好的环境质量等高层次的生态消费，这种消费层次的变化是基于经济增长

① 速水佑次郎：《发展经济学——从贫困到富裕》，李周译，社会科学文献出版社，2003，第101页。

② 〔美〕阿兰·V. 尼斯：《自然资源与能源经济学手册》，李晓西译，经济科学出版社，2007，第236页。

③ 邓培雁、刘威、曾宝强：《湿地退化的外部性成因及其生态补偿建议》，《生态经济》2009年第3期，第148～155页。

的结果，并不是人类选择偏好变化的结果。这时湖泊湿地生态系统供给的服务功能得到重新认识，水面扩大可以增加洪水蓄积，水量增加可以提高环境容量，水质改善可以保证生物多样性的延续和丰富；湖泊湿地水面改善、水量增加和水质好转可以为人类提供相对于人们简单追求的湖泊湿地初级物质资源更好的福利。人类社会进步和发展所产生的对湖泊湿地资源比较优势的重新认识使得水面增加、水质改善、水量增加成为现实。当然，人类早已认识湖泊湿地生态系统服务的功能，但是湖泊湿地生态系统服务功能作为公共品，只有在经济增长到一定阶段、人类具备公共品提供能力时，人类才会采取管理上的干预措施来提供公共品，因此，太湖湿地利用走向成熟实质上反映了太湖湿地水面、水质和水量资源变动特征与经济发展密切相关的本质。

第五章　经济发展与湖泊湿地利用展望

一　研究结论

本书以中国湖泊湿地资源利用与经济发展关系为研究选题，选择太湖湿地这个典型湖泊湿地为研究对象，描述了太湖湿地利用历史，对经济发展过程中太湖湿地利用进行了分析，太湖湿地利用走向成熟是经济发展的必然结果，并得出以下结论。

（1）随着经济发展，太湖湿地利用的方式增多、内容日益丰富，在经济发展过程中，经济的发展对太湖湿地资源变动产生了影响，同时资源的变动也对人类社会经济产生作用。

随着经济的发展，太湖湿地利用内容越来越丰富，到本书研究时间点为止，太湖湿地利用方式可以归结为食品利用、资源利用、环境功能利用、生态系统综合利用这 4 种基本类型，并可细分为食品利用、肥力利用和水资源利用、围垦利用、环境功能利用、生态系统综合利用。这些利用方式都是活动在太湖湿地周边区域的人们根据已经掌握的经验、知识、信息和技能，做出的可以使人类自身利益实现持续最大化的边际最优选择。太湖湿地资源环境与经济发展是共存于一个大系统中，经济的发展必然带来湖泊湿地资源的变动，而资源的变动必然对经济发展产生反馈作用。

（2）以东太湖区为研究区域，从水面、水质和水量三个维度刻画经济发展过程中太湖湿地资源变动。对经济发展过程中太湖湿地的水面、水质和水量变动的研究表明，太湖湿地利用走向了成熟。历史数据显示总体上水面出现了拐点，这个拐点的出现虽然有特殊历史条件下的政策因素影响，但原动力依然是为了促进经济的增长，满足人类不断增长的物质需求；湖区的水质在人均 11341 元左右出现拐点；湖区水量在人均 12077 元左右出现拐点。

研究表明：改革开放前，太湖湿地水面变动的主要影响因素是人口总量、人均 GDP 和农业产业结构的变动；改革开放后，产业结构的变动、农业生产结构的调整、农业生产技术的进步和城市化进程的加快是湖区水面（围垦）出现变动的驱动力。水质变动的主要影响因素是人口总量、第三产业结构变动和经济规模的增加，人口的增加和经济规模的扩大是必然的、是适应人类需求的客观发展趋势，产业结构的调整是水质变动的核心因子。水量变动的因素是极其复杂的，既有天气因素，也有人口规模因素，而天气因素是混沌的，人口规模的扩大必然带来水资源需求的增加；农业用水、工业用水和生活用水都是人类社会经济活动的必然产物，直接影响湖泊湿地水量的变动，从行为可控性角度来说，产业技术进步和价格杠杆是影响人类用水的重要因子，并进而影响到湖泊湿地水量的变动。

湖泊湿地水面、水质和水量的变动是顺应经济发展的结果，是人类基于比较优势做出的最符合人类利益的最有效的选择，经济发展过程中，人类对湖泊资源的利用将从简单的资源利用向着生态系统与经济系统协调发展的状态转变。

二 进一步探讨的问题

我国湖泊湿地类型多样，具有永久性淡水湖、永久性咸水湖、永久性内陆盐湖、季节性淡水湖、季节性咸水湖等多种类型湖泊湿地。[①] 湖泊湿地面积合计为 91019 平方公里。其中，湖泊湿地面积大于 10 平方公里的湖泊湿地有 656 个，其面积合计为 85256 平方公里（见表 5－1）。

---

① 王洪道、窦鸿身、颜京松等：《中国湖泊水资源》，科学出版社，1987，第 1～5 页。

表 5－1 中国湖泊湿地数量及面积表

	10～100 平方公里	100～500 平方公里	500～1000 平方公里	>1000 平方公里	合计
湖泊数量（个）	517	108	17	14	656
面积（平方公里）	16992	22415	11230	34618	85256

资料来源：参见王洪道、窦鸿身、颜京松等《中国湖泊水资源》，科学出版社，1987。

对湖泊湿地面积大于 10 平方公里的湖泊湿地且介于不同水域面积区间的湖泊湿地的个数和面积的统计数据说明（见表 5－1）：我国湖泊湿地若以湖泊数量而论，湖泊面积介于 10～100 平方公里的湖泊湿地有 517 个，占湖泊湿地数量的 78.81%，但湿地面积仅占 19.93%；若以湿地面积而论，以特大型湖泊湿地（湖泊面积大于 1000 平方公里）、大型湖泊湿地（湖泊面积介于 500～1000 平方公里）、中型湖泊湿地（湖泊面积介于 100～500 平方公里）为主体；青海湖、太湖、洞庭湖、鄱阳湖等特大型湖泊湿地和高邮湖等大型湖泊湿地，在中国大型湖泊湿地数量上仅占 1.1%，但湿地面积却占中国湖泊湿地面积总量的 50.5%。我国湖泊湿地分布在五大区域：青藏高原湖泊区、东部平原湖泊区、蒙新高原湖泊区、东北平原湖泊区和云贵高原湖泊区（见表 5－2）。显然，不同区域的湖泊湿地会因为湖泊湿地的水文特征、资源属性和区域地理特征存在资源禀赋的差异。

表 5－2 中国湖泊湿地区域分布

区域	湖泊面积大于 1 平方公里的湖泊		其中面积大于 10 平方公里的湖泊			占湖泊面积总量的比例(%)
	个数	面积（平方公里）	个数	面积（平方公里）	占该区比例（%）	
青藏高原	1091	44993.3	346	42816.1	95.2	49.5
东部平原	696	21171.6	138	19587.5	92.5	23.3
蒙新高原	772	19700.3	107	18059.43	91.7	21.5
东北平原	140	3955.3	52	3705.7	93.7	4.4
云贵高原	60	1199.4	13	1088.2	90.8	1.3

资料来源：参见中国可持续发展林业战略研究项目组《中国可持续发展林业战略研究（战略卷）》，中国林业出版社，2003。中国科学院南京地理与湖泊研究所：《中国湖泊概论》，科学出版社，1989。王苏民、窦鸿身：《中国湖泊志》，科学出版社，1998。

在人类社会经济发展过程中，活动在不同类型湖泊湿地周边地区的先民受该区域湖泊湿地资源禀赋的局限，对湖泊湿地资源的利用方式、利用内容甚至利用程度肯定是存在差异的。湖泊湿地的某些利用方式只是在局部区域占据相对优势，可能只适合于这个区域湿地资源，比如湖泊湿地的能源利用。很早以前，人们就认识到水力资源是最为经济的能源，并在长期的生产实践中掌握了水力资源的使用，[①] 比如隋唐时期的水车，宋元时期明确记载的槽锥、水锥、水砻、水磨、水转连磨、水碾、水轮三事、水击面罗等机械的构造和功效。这个时期对水力资源的能源利用的特点是将水的势能转化为动能，主要是用于农业生产，提高生产效率，这在农业生产发达的湖泊湿地附近得到广泛的利用。20 世纪 50 年代以后，现代的排灌等农业机器逐渐取代了古代发明的这些农业生产工具，但是在我国一些缺乏石油和电力的农村，这些利用水力的农业生产工具至今仍未绝迹，还在发挥着作用。在西方文明进入工业文明时期后，湖泊湿地的能源利用发生了质的变化，实现了从势能向电能的转变，在西方文明工业化进程中，中国也置身其中。我国一些湖泊湿地的水力资源得到开发，兴建了水电站，1912 年，我国在滇池的泄水河道螳螂川上建设了第一座小型水电站，发电量为 6000 千瓦，将湖泊湿地的水力资源转化为清洁、廉价、无污染的再生能源，实现了湖泊湿地能源利用从“势能→动能”向“势能→电能→动能”的飞跃。不过在新中国成立之前，我国只有滇池、镜泊湖和日月潭这三个湖泊湿地的能源得到了开发利用。新中国成立以后，随着我国现代工业化进程的加快，能源工业生产的增长速度也甚快，湖泊湿地的能源利用得到重视，我国主要湖泊湿地能源利用情况如表 5－3 所示。

---

① 李剑农：《魏晋南北朝隋唐经济史稿》，生活·读书·新知三联书店，1959，第 191～192 页。

表 5－3　我国主要湖泊湿地能源利用

湖名	电站名称	装机容量（千瓦）	水头（米）	流量（立方米/秒）
洱海**	牛脖子水电站	3*35000	246.5	57
	芳草哨水电站	4*12500	121.0	55
	平坡水电站	4*12500	122.5	55
博斯腾湖**	铁门关水电站	4*9150	63.5	17.1
	石灰窑水电站	2*3800	29.15	12.95
镜泊湖**	镜泊湖电厂	2*2000	53～42	43.3
	镜泊湖电厂	4*15750	48	38.5
洪湖*	新堤水电站	3*200	>1	
洪泽湖*	高良涧水电站	16*200	3	10

注：“*”表示东部平原的湖泊湿地，“**”表示山区或高原的湖泊湿地。
资料来源：参见施成熙《中国湖泊概论》，科学出版社，1989。

以上数据表明，无论是平原地区、山区还是高原地区的湖泊湿地，我国湖泊湿地能源利用发展十分迅猛。我国东部平原的湖泊湿地，落差较小，湖泊流势较为平稳，湖泊湿地的能源利用难度较大。但是洪泽湖、洪湖等东部平原湖泊湿地建成了高良涧、新堤等小型水电站，这是由于水利建设事业迅猛发展，湖泊湿地因为闸坝的建设而被控制后，蓄水位被抬高了，人为地形成了湖泊湿地与下游灌、排河道低水头的水位落差，为低水头的湖泊湿地能源利用创造了条件。洱海、抚仙湖、滇池、镜泊湖、日月潭、博斯腾湖、羊卓雍错、新疆天池等这些边远的山区或高原湖泊湿地有着极为丰富的水力资源，这些湖泊湿地能源利用的条件更为优越。有的山区或高原的湖泊湿地属于外流水系，落差较为集中，不需要修筑堤坝，也不会有淹没的损失，可以直接获得巨大的天然调蓄库容，从而进行引水发电。人类对山区、高原地区的湖泊湿地利用，是将湖泊湿地的能源利用与湖泊湿地的食品利用、肥力利用、环境利用等紧密地结合起来，实现一个湖泊湿地多种利用方式共同作用。由此可见，湖泊湿地的区位决定了湖泊湿地的能源利用在该区域湖泊湿地的利用方式作用中是否凸显，这也证明湖泊湿地资源禀赋存在差异。存在资源禀赋差异的湖泊湿地随着区域人口的增长、经济的增长是否走向成熟？人类活动干扰下的湖泊湿地资源特征又是如何呢？众所周知的事实是，我国湖泊湿地类型的多样性使得不同区域、不同类型的湖泊湿地资源禀赋存在差异。研究者还要思考的是：活动在不同区域的人类对区域内湖泊资源利用的方式、强度既然不同，湖泊资源数量和质量的变动也就必然存在差异，进一步探讨这些湖泊湿地资源在经济发展过程中的变动态势及其背后的影响因素，甚至进一步比较分析我国不同经济发展区域经济发展过程中的湖泊湿地资源利用都是有意义的。

参考文献

[1] Acharya, G. and E. B. Barbier, "Valuing Ground Water Recharge through Agricultural Production in the Hadejia - Nguru Wetlands in Northern Nigeria", *Agricultural Economics*, No. 22, 2000.

[2] Aghion P. , H. Peter . , *Endogenous Growth Theory*, MIT Press, 1998.

[3] Aghion P. , H. Peter, "A Model of Growth through Creative Destruction", *Econometrica*, Vol. 60, No. 2, 1992 .

[4] Amacher, G. S. , R. J. Brazee, J. W. Bulkley and R. A. Moll, *Application of Wetland Valuation Techniques: Examples from Great Lakes Coastal Wetlands*, Ann Arbor, MI: University of Michigan, School of Natural Resources, 1989.

[5] Auty, R. , *Resource Abundance and Economic Development*, Oxford University Press, 2001.

[6] Edward Barbier, Mike Acreman and Duncan Knowler, *Economic Valuation of Wetlands: A Guide for Policy Makers and Planers*, IUCN, 1997.

[7] Bateman, I. and I. H. Langford , "Non - Users Willingness to Pay for A National Park: An Application of the Contingent Valuation Method", *Regional Studies*, No. 31, 1997.

[8] Bhattarai, M. and Hammig, M. , "Institutions and the Environmental Kuznets Curve for Deforestation: A Crosscountry Analysis for Latin America, Africa and Asia", *World Development*, Vol. 29, No. 6, 2001.

[9] Bouwes, N. W., R. Schneider, "Procedures in Estimating Benefits of Water Quality Change", *American Journal of Agricultural Economics*, No. 8, 1979.

[10] Bovenberg A., Smulders S., "Environmental Quality and Pollution - augmenting Technological Change in A Two - sector Endogenous Growth Model", *Journal of Public Economics*, Vol. 57, No. 3, 1995.

[11] Breaux, A., S. C. Farber and J. Day, "Using Natural Coastal Wetlands Systems for Wastewater Treatment: An Economic Benefit Analysis", *Journal of Environmental Management*, No. 44, 1995.

[12] Brij G., "Wetland Types", *The Pennsylvania Academy of Science*, 1998.

[13] Burt, O. R., Brewer, "Estimation of Net Social Benefits from Outdoor Recreation", *Econometrica*, Vol. 39, No. 5, 1971.

[14] Carpenter, S. R., D. Ludwig, W. A. Brock, "Management of Eutrophication for Lakes Subject to Potentially Irreversible Change", *Ecological Application*, Vol. 9, No. 3, 1999.

[15] Cole M. A., Rayner A. J., and Bates J. M., "The Environmental Kuznets Curve: An Empirical Analysis", *Environment and Development Economics*, No. 2, 1997.

[16] Cooper, J., J. Loomis, "Testing Whether Waterfowl Hunting Benefits Increase with Greater Water Deliveries to Wetlands", *Environmental and Resource Economics*, No. 3, 1993.

[17] Costanza, R., S. C. Farber and J. Maxwell, "Valuation and Management of Wetland Ecosystems", *Ecological Economics*, No. 1, 1989.

[18] Cowardin, L. M., V. Carter, F. C. Golet, and E. T. LaRoe, "Classification of Wetlands and Deepwater Habitats of the United States", *FWS/OBS* - 79/31, U. S. fish and wildlife service, Washington, D. C., 1979.

[19] Cropper M and Griffiths C, "The Interaction of Population Growth

and Environmental Quality", *American Economic Review*, Vol. 84, 1994.

[20] Dietz, S., Adger, W. N., "Economic Growth, Biodiversity Loss and Conservation Effort", *Journal of Environmental Management*, Vol. 68, 2003.

[21] Doss, C. R., S. J. Taff, "The Influence of Wetland Type and Wetland Proximity on Residential Property Values", *Journal of Agricultural and Resource Economics*, No. 21, 1996.

[22] Dugan, P. J., "*Wetland Conservation: A Review of Current Issues and Required Action*", IUCN, 1990.

[23] Eisenbud, M., *Environment Technology and Health*, New York University Press, 1978.

[24] Emerton, L. and B. Kekulandala, *Assessment of the Economic Value of Muthurajawela Wetland*, IUCN, 2002.

[25] The U. S. Environmental Protection Agency: *National Lakes Assessment: A Collaborative Survey of the Nation's Lakes*, http://water.epa.gov/type/lakes/upload/nla_ chapter8.pdf, 2010 - 10 - 15.

[26] Farber, S., "Non - user's WTP for A National Park: An Application and Critique of the Contingent Valuation Method", *Regional Studies*, No. 31, 1988.

[27] Gleick, P. H., *Water in Crisis: A Guide to the World's Freshwater Resource*, Oxford University Press, 1993.

[28] Gosselink, J. G., E. Maltby, "Wetland Losses and Gains", M. Williams, *Wetlands: A Threatened Landscape*, Basil Blackwell, Oxford, UK, 1990.

[29] Grossman G., Kreuger A., "Economic Growth and the Environment", *Quarterly Journal of Economics*, Vol. 110, No. 2, 1995.

[30] Gylfason, "Natural Resources, Education and Economics Development", *European Economic Review*, Vol. 45, 2001.

[31] Hartman R., Kwon S., "Sustainable Growth and the Environmental Kuznets Curve", *Journal of Economic Dynamics and Control*, Vol. 29, No. 10, 2005.

[32] Hettige H., Lucas B. and Wheeler D., "The Toxic Intensity of Industrial Production: Global Patterns, Trends and Trade Policy", *American Economic Review*, Vol. 82, 1992.

[33] Holtz - Eakin D., Selden T. M., "Stoking the Fires? CO2 Emissions and Economic Growth", *Journal of Public Economics*, No. 57, 1995.

[34] Horvath R. J., "Energy Consumption and the Environmental Kuznets Curve Debate", *Department of Geography*, *University of Sydney*, 1997.

[35] Julianne H. Mills, Thomas A. Waite, "Economic Prosperity, Biodiversity Conservation and the Environmental Kuznets Curve", *Ecological Economics*, Vol. 68, 2009.

[36] Kahuthu A., "Economic Growth and Environmental Degradation in a Global Context", *Environment*, *Development and Sustainability*, No. 8, 2006.

[37] Kent, Donald M., *Defining Wetlands*, Lewis Publishers, 1996.

[38] Klemov, Kenneth M., "Wetland Mapping", *The Pennsylvania Academy of Science*, 1998.

[39] Lucas R. E., "On the Mechanics of Economic Development", *Journal of Monetary Economics*, Vol. 22, No. 1, 1988.

[40] E. Maltby, D. V. Hogan, C. P. Immirze, J. H. Tellam and M. J. Van der peijl, *Building a New Approach to the Investigation and Assessment of Wetland Ecosystem Functioning*, IUCN, 1994.

[41] Michael A. M., Michael L., *Nieswiadomy Sliding Along the Environmental Kuznets Curve*: *The Case of Biodiversity*, Economics Department of the University of North Texas, 2000.

[42] Mitsch W. J., Jamnes G. G., *Wetlands*, *Van Nostrand Reinhold*, 1986.

[43] Moomaw W. R. , Unruh G. C. , "Are Environmental Kuznets Curves Misleading? The Case of CO_2 Emissions", *Environment and Development Economics*, Vol. 2, 1992.

[44] Naiman, R. J. , J. J. Magnuson, D. M. MCKNIGHT, J. A. Stanford, *The Freshwater Imperative*, Island press, 1995.

[45] Nakamura M. , Akiyama M. , "Evolving Issues on Development and Conservation of Lake Biwa Yodo Reiver Basin", *Science and Technology*, Vol. 23, 1991.

[46] Office of International Standards and Legal Affairs, UNESCO: *Convention on Wetlands of International Importance Especially as Waterfowl Habitat*, http: //www. ramsar. org/key_ conv_ e. htm, 2004 - 05 - 08.

[47] Papyrakis, E. , Gerlagh R. , "The Resource Curse Hypothesis and its Transmission Channels", *Journal of Comparative Economics*, Vol. 32, 2004.

[48] P. J. Dugan, "Wetlands in the 21st Century: the Challenge to Conservation Science", William J. Mitsch, *Global Wetlands : Old World and New*, Elsevier Science B. V. , 1994.

[49] Postel, S. L. , S. R. Carpenter, *Freshwater Ecosystem Services in G. Daily Nature's Services*, Island Press, 1997.

[50] Prebisch R. Commerciao, "Policy in the Underdeveloped Countries", *The American Economic Review*, Vol. 49, No. 2, 1959.

[51] Ribaudo, M. O. , D. J. Epp, "The Importance of Sample Determination in Using the Travel Cost Method to Estimate the Benefits of Improved Water Quality", *Land Economics*, Vol. 60, No. 4, 1984.

[52] Rock M. , "Pollution Intensity of GDP and Trade Policy: Can the World Bank Be Wrong?", *World Development*, No. 24, 1996.

[53] Romer P. , "Endogenous Technological Change", *Journal of Political Economy*, Vol. 98, No. 5, 1990.

[54] Rose E. A. R. , Dietz T. , "Tracking the Anthropogenic Drivers of Ecological Impact", *AMBIO*, Vol. 330, No. 8, 2004.

[55] Skaggs R. W. , Amatya D. , etc. , "Characterization and Evaluation of Proposed Hydrologic Criteria for Wetlands", *J. Soil and Water Cons*, Vol. 49, No. 5, 1994.

[56] Shaw, S. P, C. G. Fredine, "Wetlands of the United States, Their Extent, and Their Value for Waterfowl and Other Wildlife", U. S. Fish and Wildlife Service, U. S. Department of Interior, Washington, D. C. , Circular 39, 1956.

[57] Sarah E. Gergel, Elena M. Bennett, Ben K. Greenfield, etc. , "A Test of the Environmental Kuznets Curve Using Long - Term Watershed Inputs", *Ecological Applications*, Vol. 14, No. 2, 2004.

[58] Sachs J. D. , Wamer A. M. , "Natural Resource Abundance and Economic Growth", *NBER Working Paper*, 1995.

[59] Sathirathai, S. , E. B. Barbier, "Valuing Mangrove Conservation in Southern Thailand", *Contemporary Economic Policy*, No. 19, 2001.

[60] Scholz M. , Ziemes G. , "Exhaustible Resources, Monopolistic Competition and Endogenous Growth", *Environmental and Resource Economics*, Vol. 13, No. 2, 1999.

[61] Selden, T. M. and Song, D. , "Environmental Quality and Development: Is There A Kuznets Curve for Air Pollutions?", *Journal of Environmental Economics and Management*, Vol. 27, 1994.

[62] Shafik N. and S. Bandyopadhyay, "Economic Growth and Environmental Quality: Time Series and Cross - Country Evidence", Background Paper for the World Development Report the World Bank, Washington D. C. , 1992.

[63] Shafik, N. , "Economic Development and Environmental Quality: An Econometric Analysis", *Oxford Economic Papers*, Vol. 46, 1994.

[64] Singer H. W., Warner A. M., "Natural Resource Abundance and Economic Growth", Center for International Development and Harvard Institute for International Development Harvard University, 1995.

[65] Skonhoft A., Solem A., "Economic Growth and Land - use Changes the Declining Amount of Wilderness Land in Norway", *Ecological Economics*, Vol. 37, 2001.

[66] Solow, R. M., "Perspectives on Growth Theory", *Journal of Economic Perspectives*, Vol. 8, 1994.

[67] Solow, R. M., "A Contribution to the Theory of Economic Growth", *Quarterly Journal of Economics*, Vol. 70, 1956.

[68] Stokey N. L., "Are There Limits to Growth?", *International Economic Review*, Vol. 39, No. 1, 1998.

[69] Tatuo Kira, Shinji ide, Fumio Fukada, *Lake Biwa: Experience and Lessons Learned Brief*, http: //www. ilec. or. jp/eg/lbmi/pdf/05_ Lake _ Biwa_ 27February2006. pdf, 2010 - 12 - 10.

[70] Vanlantz, Roberto Martinez - espineira, "Testing the Environmental Kuznets Curve Hypothesis with Bird Populations as Habitat - specific Environmental Indicators: Evidence from Canada", *Conservation Biology*, Vol. 22, No. 2, 2008.

[71] Wetzel, R. G., "Land - water Interfaces: Metabolic and Limnological-Regulators", *Internationale Vereinigung for Theoretische and Angewandte Limnology*, Vol. 24, 1990.

[72] William R. Dipietro, "Emmanuel Anoruo: GDP Per Capita and Its Challengers as Measures of Happiness", *International Journal of Social Economics*, Vol. 33, No. 10, 2006.

[73] D. A. Young, "Wetlands Are Not Wastelands: A Study of Functions and Evaluation of Canadian Wetlands", William J. Mitsch, *Global Wetlands: Old World and New*, Elsevier Science B. V., 1994.

[74]〔美〕阿兰·兰德尔：《资源经济学：从经济角度对自然资源和环境政策的探讨》，施以正译，商务印书馆，1989。

[75]〔美〕阿兰·V. 尼斯：《自然资源与能源经济学手册》，李晓西译，经济科学出版社，2007。

[76]〔美〕奥斯特罗姆：《制度分析与发展的反思——问题与选择》，王诚译，商务印书馆，1996。

[77]〔英〕保罗·贝尔琴、戴维·艾萨克、吉恩·陈：《全球视角中的城市经济》，刘书瀚译，吉林人民出版社，2003。

[78]〔美〕保罗·诺克斯、琳达·迈克卡西：《城市化》，顾朝林等译，科学出版社，2009。

[79] 白丽、张奇、李相虎：《湖泊水量变化关键影响因子研究综述》，《水电能源科学》2010 年第 3 期。

[80]〔美〕布莱恩·贝利：《比较城市化 - 20 世纪的不同道路》，顾朝林等译，商务印书馆，2008。

[81]〔美〕德怀特·H. 波金斯等：《发展经济学》，黄卫平等译，中国人民大学出版社，1996。

[82] 长江流域规划办公室：《长江水利史略》，水利电力出版社，1979。

[83] 崔保山：《湿地生态系统生态特征变化及其可持续性问题》，《生态学杂志》1999 年第 2 期。

[84] 崔保山、杨志峰：《吉林省典型湿地资源效益评价研究》，《资源科学》2001 年第 5 期。

[85] 崔丽娟：《扎龙湿地价值货币化评价》，《自然资源学报》2002 年第 4 期。

[86] 崔丽娟：《鄱阳湖湿地生态系统服务功能价值评估研究》，《生态学杂志》2004 年第 4 期。

[87] 陈妙红、邹欣庆、韩凯、刘青松：《基于污染损失率的连云港水环境污染功能价值损失研究》，《经济地理》2005 年第 2 期。

[88] 陈淳：《太湖地区远古文化探源》，《上海大学学报（社科版）》

1987 年第 3 期。

[89] 陈荷生、华瑶青:《太湖流域非点源污染控制和治理的思考》,《水资源保护》2004 年第 1 期。

[90] 陈克龙、李双成、周巧富等:《近 25 年来青海湖流域景观结构动态变化及其对生态系统服务功能的影响》,《资源科学》2008 年第 2 期。

[91] 陈文华:《中国古代科技农业图谱》,农业出版社,1991。

[92] 陈晓光、徐晋涛、季永杰:《城市居民用水需求影响因素研究》,《水利经济》2005 年第 11 期。

[93] 陈月秋、唐远云:《东太湖的由来及其演变趋势》,《长江流域资源与环境》1993 年第 2 期。

[94] 陈中原、洪雪晴、李山、王露、史晓明:《太湖地区环境考古》,《地理学报》1997 年第 2 期。

[95] 成芳、凌去非、徐海军、林建华、吴林坤、贾文方:《太湖水质现状与主要污染物分析》,《上海海洋大学学报》2010 年第 1 期。

[96] 成小英、李世杰:《长江中下游典型湖泊富营养化演变过程及其特征分析》,《科学通报》2006 年第 7 期。

[97] 〔英〕大卫·皮尔斯:《绿色经济的蓝图——衡量可持续发展》,李巍等译,北京师范大学出版社,1996。

[98] 〔美〕丹尼斯·麦多斯:《增长的极限》,于树生译,商务印书馆,1984。

[99] (宋) 单锷:《吴中水利书》,中华书局,1985。

[100] 〔美〕德怀特·H. 波金斯等:《发展经济学》,黄卫平等译,中国人民大学出版社,1996。

[101] 邓培雁、刘威、曾宝强:《湿地退化的外部性成因及其生态补偿建议》,《生态经济》2009 年第 3 期。

[102] 段晓男、王效科、欧阳志云:《乌梁素海湿地生态系统服务功能及价值评估》,《资源科学》2005 年第 2 期。

［103］窦鸿身、姜加虎、黄群：《湖泊资源特征及与其功能的关系分析》，《自然资源学报》2004年第3期。
［104］窦鸿身、马武华、张圣照、邓家璜：《太湖流域围湖利用的动态变化及其对环境的影响》，《环境科学学报》1988年第1期。
［105］杜青林、孙政才：《中国农业通史（原始社会卷）》，中国农业出版社，2008。
［106］〔德〕恩格斯：《家庭、私有制和国家的起源》，张仲实译，人民出版社，1954。
［107］（宋）范成大：《吴郡志》，陆振岳点校，江苏古籍出版社，1999。
［108］范成新：《太湖水体生态环境历史演变》，《湖泊科学》1996年第4期。
［109］费省：《唐代人口地理》，西北大学出版社，1996。
［110］冯宗宪、于璐华、俞炜华：《资源诅咒的警示与西部资源开发难题的破解》，《西安交通大学学报（社会科学版）》2007年第2期。
［111］高超、朱继业、朱建国：《不同土地利用方式下的地表径流磷输出及其季节性分布特征》，《环境科学学报》2005年第10期。
［112］关劲峤、黄贤金、刘红明等：《太湖流域水环境变化的货币化成本及环境治理政策实施效果分析——以江苏省为例》，《湖泊科学》2003年第3期。
［113］葛剑雄：《中国人口史》（第一卷　导论、先秦至南北朝时期），复旦大学出版社，2002。
［114］谷孝鸿、王晓蓉、胡维平：《东太湖渔业发展对水环境的影响及其生态对策》，《上海环境科学》2003年第10期。
［115］顾人和：《太湖地区粮食生产的历史考略》，《经济地理》1987年第4期。
［116］顾签塘：《试论我国人口与资源、环境的协调发展》，《南方人口》1996年第3期。

[117] 郝伟罡、李畅游、魏永富等：《干旱区草型湖泊湿地价值量化评估》，《中国水利水电科学研究院学报》2007年第4期。

[118]〔美〕赫尔曼·卡恩、威廉·布朗、利昂·马特尔：《今后二百年——美国和世界的一幅远景》，上海市政协编译工作委员会译，上海译文出版社，1980。

[119] 何俊、谷孝鸿、白秀玲：《太湖渔业产量和结构变化及其对水环境的影响》，《海洋湖沼通报》2009年第2期。

[120] 候玉：《太湖流域水文模型》，河海大学博士学位论文，1992。

[121] 胡金杰、蔡守华：《基于C-D生产函数的太湖生态系统供水服务价值评估》，《水利经济》2009年第4期。

[122] 胡乃武、金碚：《国外经济增长理论比较研究》，中国人民大学出版社，1990。

[123] 胡元林、赵光洲：《高原湖泊湖区可持续发展判定条件与对策研究》，《经济问题探索》2008年第8期。

[124] 黄进良：《洞庭湖湿地的面积变化与演替》，《地理研究》1999年第3期。

[125] 黄贤金、王腊春、高超、史运良：《太湖水资源水环境研究》，科学出版社，2008。

[126]〔美〕霍利斯·钱纳里、莫伊思·赛尔昆：《发展的型式》，李新华等译，经济科学出版社，1988。

[127] 姜加虎、窦鸿身：《江淮中下游淡水湖群》，长江出版社，2009。

[128] 姜加虎、窦鸿身：《中国五大淡水湖泊》，中国科学技术大学出版社，2003。

[129]〔美〕杰·里夫金、特·德·霍华德：《熵：一种新的世界观》，吕明译，上海译文出版社，1987。

[130] 金卫斌、刘章勇：《围湖垦殖对湖泊调蓄功能的累加效应分析》，《长江流域资源与环境》2003年第1期。

[131] 金相灿：《中国湖泊富营养化》，中国环境科学出版社，1990。

[132] (清) 金玉相:《太湖备考》,广陵书社,2006。

[133] 靳晓莉、高俊峰、赵广举:《太湖流域近20年社会经济发展对水环境影响及发展趋势》,《长江流域资源与环境》2006年第3期。

[134] 〔美〕L. D. 詹姆斯:《水资源规划经济学》,常锡厚等译,水利电力出版社,1984。

[135] 柯高峰、丁烈云:《洱海流域城乡经济发展与洱海湖泊水环境保护的实证分析》,《经济地理》2009年第9期。

[136] 孔详智、郑凤田、崔海兴:《太湖流域:水环境污染治理对策研究》,华中科技大学出版社,2010。

[137] 〔法〕魁奈:《魁奈〈经济表〉及著作选》,晏智杰译,华夏出版社,2006。

[138] 〔美〕科斯、诺斯、威廉姆森:《制度、契约与组织》,刘刚等译,经济科学出版社,2002。

[139] 〔美〕伦纳德·奥托兰诺:《环境管理与影响评价》,郭怀成等译,化学工业出版社,2004。

[140] 〔美〕W. W. 罗斯托:《经济增长的阶段:非共产党宣言》,郭熙保等译,中国社会科学出版社,2001。

[141] 李保国、彭世琪:《1998~2007年中国农业用水报告》,中国农业出版社,2009。

[142] 李伯重:《唐代江南地区粮食亩产量与农户耕田数》,《中国社会经济史研究》1982年第2期。

[143] 李翠菊、车懿:《南方丘陵区土地整理过程中的水土流失问题及应对措施——以湖北省红安县红华土地整理项目为例》,《甘肃农业》2006年第4期。

[144] 〔英〕李嘉图:《政治经济学及赋税原理》,丰俊功译,光明日报出版社,2009。

[145] 李剑农:《魏晋南北朝隋唐经济史稿》,生活·读书·新知三联书店,1959。

[146] 李景保、朱翔、蔡炳华等：《洞庭湖区湿地资源可持续利用途径研究》，《自然资源学报》2002 年第 3 期。

[147] 李玲玲、官辉力、赵文吉：《1996～2006 年北京湿地面积变化信息提取与驱动因子分析》，《首都师范大学学报（自然科学版）》2008 年第 3 期。

[148] 李荣刚、夏源陵、吴安之等：《江苏太湖地区水污染物及其向水体的排放量》，《湖泊科学》2000 年第 2 期。

[149] 李新国：《基于 RS/GIS 的近 50 年来太湖流域主要湖泊环境变化研究》，中国科学院南京地理与湖泊研究所博士论文，2006 年。

[150] 李新国、江南、朱晓华等：《近三十年来太湖流域主要湖泊的水域变化研究》，《海洋湖沼通报》2006 年第 4 期。

[151] 李周：《环境与生态经济学研究的进展》，《浙江社会科学》2002 年第 1 期。

[152] 李周：《论森林“生态利用”的含义和操作手段》，《绿色中国》1990 年第 4 期。

[153] 李周：《中国天然林保护的理论与政策探讨》，中国社会科学院出版社，2004。

[154] 李周、包晓斌：《中国环境库兹涅茨曲线的估计》，《科技导报》2002 年第 4 期。

[155] 李周、包晓斌、王利文：《生态环境问题概论》，见滕藤、郑玉歆编《可持续发展的理念、制度与政策》，社会科学文献出版社，2004。

[156] 李智、鞠美庭、刘伟等：《中国经济增长与环境污染响应关系的经验研究》，《城市环境与城市生态》2008 年第 4 期。

[157] 林毅夫：《要素禀赋比较优势与经济发展》，《中国改革》1999 年第 8 期。

[158] 凌亢、王浣尘、刘涛：《城市经济发展与环境污染关系的统计研究——以南京市为例》，《统计研究》2001 年第 10 期。

[159] 梁瑞驹、李鸿业、王洪道：《91’太湖洪涝灾害》，河海大学出版社，1993。
[160] 刘红玉、赵志春、吕宪国：《中国湿地资源及其保护研究》，《资源科学》1999年第11期。
[161]（后晋）刘昫：《旧唐书》卷17《文宗上》，中华书局，1975。
[162] 刘扬、陈劭锋：《基于IPAT方程的典型发达国家经济增长与碳排放关系研究》，《生态经济》2009年第11期。
[163] 刘耀彬、陈红梅：《武汉市主城区湖泊发展的历史演变、问题及保护建议》，《湖北大学学报（自然科学版）》2003年第2期。
[164] 刘庄、郑刚、张永春等：《社会经济活动对太湖流域的生态影响分析》，《生态与农村环境学报》2008年第2期。
[165]〔美〕L. R. 布朗、K. 弗莱文、S. 波斯特尔：《拯救地球——如何塑造一个在环境方面可持续发展的全球经济》，贡光禹等译，科学技术文献出版社，1993。
[166] 吕耀、程序：《太湖地区农田氮素非点源污染及环境经济分析》，《上海环境科学》2000年第4期。
[167] 吕宪国：《湿地生态系统保护与管理》，化学工业出版社，2004。
[168] 陆虹：《中国环境问题与经济发展的关系分析——以大气污染为例》，《财经研究》2000年第10期。
[169] 陆维研、金陈刚：《关于湿地生态系统与经济协调发展的研究》，《安徽农业科学》2006年第20期。
[170] 毛泽东：《矛盾论》，《毛泽东选集》第一卷，人民出版社，1991。
[171] 迈克尔·P. 托达罗：《经济发展》，陶文达译，中国经济出版社，1999。
[172] 闵宗殿：《宋明清时期太湖地区水稻亩产量的探讨》，《中国农史》1984年第3期。
[173] 倪鹏飞：《中国城市竞争力报告》，社会科学文献出版社，2009。
[174] 倪勇：《太湖鱼类志》，上海科学技术出版社，2005。

[175] 宁淼、叶文虎：《我国淡水湖泊的水环境安全及其保障对策研究》，《北京大学学报（自然科学版）》2009 年第 1 期。

[176] 欧阳志云、王如松、赵景柱：《生态系统服务功能及其生态经济价值评价》，《应用生态学报》1999 年第 5 期。

[177] 欧阳志云、赵同谦、王效科等：《水生态服务功能分析及其间接价值评价》，《生态学报》2004 年第 10 期。

[178] （宋）欧阳修：《新唐书》卷 54《志》第 44《食货四》，中华书局，1975。

[179] 秦伯强、吴庆农、高俊峰等：《太湖地区的水资源与水环境——问题、原因与管理》，《自然资源学报》2002 年第 2 期。

[180] 秦伯强、胡维平、陈伟民：《太湖水环境演化过程与机理》，科学出版社，2004。

[181] 邱天朝：《试论人口、资源、环境与经济的协调发展》，《中国人口、资源与环境》1993 年第 4 期。

[182] 沈长江：《资源科学的学科体系——关于资源科学学科建设的研讨》，《自然资源学报》2001 年第 2 期。

[183] 沈松平、王军、杨铭军：《若尔盖高原沼泽湿地萎缩退化要因初探》，《四川地质学报》2003 年第 2 期。

[184] 施成熙：《中国湖泊概论》，科学出版社，1989。

[185] 世界资源研究所：《世界资源》，中国科学院自然资源综合考察委员会译，北京大学出版社，1992。

[186] 〔英〕亚当·斯密：《国富论》，郭大力、王亚南译，上海三联书店，2009。

[187]《四库全书珍本初集》编委会：《庄简集》卷 11《乞废东南湖田札子》，沈阳出版社，1998。

[188]（汉）司马迁：《史记》卷 129《货殖列传》，中华书局，2008。

[189] 邵一平、矫吉珍、林卫青：《上海市水环境污染现状以及水环境容量核算研究》，《环境污染与防治》2005 年第二期。

[190] 宋湛庆：《中国古代农田水利建设的巨大成就和特点》，见郭文韬：《中国传统农业与现代农业》，中国农业科技出版社，1986。
[191]《苏州市志》编辑部：《苏州市志》，江苏人民出版社，1995。
[192] 孙金华：《太湖流域人类活动对水资源影响及调控研究》，河海大学博士学位论文，2006年。
[193]〔日〕速水佑次郎：《发展经济学——从贫困到富裕》，李周译，社会科学文献出版社，2003。
[194] 谭崇台：《发展经济学》，山西经济出版社，2006。
[195] 佟凤勤、刘兴土：《中国湿地生态系统研究的若干建议》，见陈宜瑜著《中国湿地研究》，吉林科学技术出版社，1995。
[196] 托马斯·思德纳：《环境与自然资源管理的政策工具》，上海三联书店，2005。
[197] 吴存浩：《中国农业史》，警官教育出版社，1996。
[198] 吴维棠：《从新石器时代文化遗址看杭州湾两岸的全新世古地理》，《地理学报》1983年第2期。
[199] 吴小根：《太湖的泥沙与演变》，《湖泊科学》1992年第3期。
[200] 吴玉萍、董锁成、宋键峰：《北京市经济增长与环境污染水平计量模型研究》，《地理研究》2002年第2期。
[201] 汪晶：《环境评价数据手册》，化学工业出版社，1988。
[202] 王方浩、马文奇、窦争霞：《中国畜禽粪便产生量估算及环境效应》，《中国环境科学》2006年第5期。
[203] 王洪道、窦鸿身、颜京松等：《中国湖泊水资源》，科学出版社，1987。
[204] 王立猛、何康林：《基于STIRPAT模型分析中国环境压力的时间差异——以1952~2003年能源消费为例》，《自然资源学报》2006年第6期。
[205] 王丽学、李学森、窦孝鹏等：《湿地保护的意义及我国湿地退化的原因与对策》，《中国水土保持》2003年第7期。

[206] 王同生：《对九十年代太湖流域实际和预测用水量的一些分析》，《水利规划设计》2003年第3期。

[207] 王同生：《太湖流域防洪与水资源管理》，中国水利水电出版社，2006。

[208] 王苏民、窦鸿身：《中国湖泊志》，科学出版社，1998。

[209] 王苏民、苏守德：《合理开发利用湖泊资源》，《中国科学院院》1997年第1期。

[210]《王祯农书》，王毓瑚校，农业出版社，1981。

[211] 王宪礼、肖笃宁：《湿地的定义与类型》，见陈宜瑜著《中国湿地研究》，吉林科学技术出版社，1995。

[212] 王幼平：《更新世环境与中国南方旧石器文化发展》，北京大学出版社，1997。

[213] 王云五编《范文正公集》，商务印书馆，1937。

[214]（梁）萧子显：《南齐书》卷26《列传》第7《王敬则》，中华书局，1983。

[215] 谢高地、鲁春霞、成升魁：《全球生态系统服务价值评估研究进展》，《资源科学》2001年第6期。

[216] 谢高地、甄霖、鲁春霞等：《一个基于专家知识的生态系统服务价值化方法》，《自然资源学报》2008年第9期。

[217] 谢红彬、陈雯：《太湖流域制造业结构变化对水环境演变的影响分析——以苏锡常地区为例》，《湖泊科学》2002年第3期。

[218] 谢红彬、虞孝感、张运林：《太湖流域水环境演变与人类活动耦合关系》，《长江流域资源与环境》2001年第5期。

[219] 谢小进、康建成、李卫江等：《上海城郊地区城市化进程与农用土壤重金属污染的关系研究》，《资源科学》2009年第7期。

[220]〔美〕西蒙·库兹涅茨：《各国的经济增长》，常勋译，商务印书馆，1999。

[221] 熊飞：《武汉市湿地主要环境问题及保护对策》，《安徽农业科学》

2009 年第 9 期。

[222] 徐康宁、王剑：《中国区域经济的“资源诅咒”效应：地区差距的另一种解释》，《经济学家》2005 年第 6 期。

[223] 徐康宁、王军：《自然资源丰裕程度与经济发展水平关系的研究》，《经济研究》2006 年第 1 期。

[224] 许朋柱：《流域 N、P 营养盐的来源、排放及运输研究》，中国科学院南京地理与湖泊研究所博士论文，2007 年。

[225] 许秋瑾、金相灿、颜昌宙：《中国湖泊水生植被退化现状与对策》，《生态环境》2006 年第 5 期。

[226] 许俊香、刘晓利、王方浩：《我国畜禽生产体系中磷素平衡及其环境效应》，《生态学报》2005 年第 11 期。

[227] 阎万英、尹英华：《中国农业发展史》，天津科学技术出版社，1992。

[228] 杨清心、李文朝：《东太湖围网养鱼后生态环境的演变》，《中国环境科学》1996 年第 2 期。

[229] 杨永兴：《国际湿地科学研究进展和中国湿地科学研究优先领域与展望》，《地球科学进展》2002 年第 8 期。

[230] 杨秀春、朱晓华、黄家柱等：《江苏省湿地资源现状及其可持续利用研究》，《经济地理》2004 年第 1 期。

[231] 杨再福、赵晓祥、李梓榕等：《太湖渔产量与水质的关系》，《水利渔业》2005 年第 3 期。

[232] 杨天宇：《礼记译注》，上海古籍出版社，2007。

[233] 叶寿仁、孙文龙、秦忠：《太湖流域农业经济发展及水资源利用情况的调研》，《中国水利》2003 年第 4 期 B 刊。

[234] 殷立琼、江南、杨英宝：《基于遥感技术的太湖近 15 年面积动态变化》，《湖泊科学》2005 年第 2 期。

[235] 尹微琴、王小治、王爱礼等：《太湖流域农村生活污水污染物排放系数研究——以昆山为例》，《农业环境科学学报》2010 年第 7 期。

[236] （汉）袁康、吴平：《越绝书》，上海古籍出版社，1985。

[237] 袁旭音：《太湖沉积物的污染特征和环境地球化学演化》，南京大学出版社，2003。

[238] 俞虹、杨凯、邢璐：《中国西部地区水环境污染与经济增长关系研究》，《环境保护》2007年第10期。

[239] 余国营：《洪灾后的反思——湿地管理和洪水灾害的生态关系浅析》，《生态学杂志》1999年第1期。

[240] 周驰、何隆华、杨娜：《人类活动和气候变化对艾比湖湖泊面积的影响》，《海洋地质与第四纪地质》2010年第2期。

[241] 庄大昌、丁登山、董明辉：《洞庭湖湿地资源退化的生态经济损益评估》，《地理科学》2003年第6期。

[242] 朱发庆、高冠民：《东湖水污染经济损失研究》，《环境科学学报》1993第2期。

[243] 朱发庆、吕斌：《湖泊使用功能损害程度评价》，《上海环境科学》1996年第3期。

[244] 朱明春：《产业结构·机制·政策》，中国人民大学出版社，1990。

[245] 朱继业、高超、朱建国：《不同农地利用方式下地表径流中氮的输出特征》，《南京大学学报（自然科学版）》2006年第6期。

[246] 中共中央马克思恩格斯列宁斯大林著作编译局：《马克思恩格斯选集（三）》，人民出版社，1995。

[247] 中华人民共和国环境保护部：《中国环境质量报告2007》，中国环境科学出版社，2007。

[248] 中华人民共和国水利部：《中华人民共和国水利部行业标准土壤侵蚀分类分级标准》，中国水利水电出版社，1997。

[249] 中国可持续发展林业战略研究项目组：《中国可持续发展林业战略研究（战略卷）》，中国林业出版社，2003。

[250] 中国科学院南京地理与湖泊研究所：《太湖综合调查初步报告》，科学出版社，1965。

[251] 中国科学院南京地理与湖泊研究所：《中国湖泊概论》，科学出版社，1989。

[252] 中国科学院南京地理与湖泊研究所：《太湖流域水土资源及农业发展远景研究》，科学出版社，1988。

[253] 中国国家环境保护总局：《中国环境统计资料汇编》，中国环境科学出版社，1994。

[254] 中国国家标准化管理委员会：《中华人民共和国国家标准——湿地分类（GB/T 24708 - 2009）》，中国标准出版社，2010。

[255] 中国农业遗产研究室太湖地区农业史研究课题组：《太湖地区农业史稿》，农业出版社，1990。

[256] 中国水产科学研究院：第一次全国污染源普查水产养殖业污染源产排污系数手册，http：//www. cafs. ac. cn/，2011 年 1 月 23 日。

[257] 中国县镇供水协会：《中国县镇供水统计年鉴》，中国水利出版社，2003。

[258] 左一鸣、崔广柏、顾令宇：《太湖水质指标因子分析》，《辽宁工程技术大学学报》2006 年第 4 期。

[259] 赵守正：《管子注译》，广西人民出版社，1982。

[260] 赵同谦、欧阳志云、王效科、苗鸿、魏彦昌：《中国陆地地表水生态系统服务功能及其生态经济价值评价》，《自然资源学报》2003 年第 4 期。

[261] 赵细康、李建民、王金营等：《环境库兹涅茨曲线及在中国的检验》，《南开经济研究》2005 年第 3 期。

[262] 赵延德、张慧、陈兴鹏：《城市消费结构变动的环境效应及作用机理探析》，《中国人口、资源与环境》2007 年第 2 期。

[263] 张大弟、章家骐、汪雅谷：《上海市郊主要面源污染及防治对策》，《上海环境科学》1997 年第 3 期。

[264] 张觉：《吴越春秋》，台湾书房出版有限公司，1996。

[265] 张磊、孟亚利：《基于 GIS 的江苏省太湖流域水土流失评价》，

《江西农业学报》2009年第6期。

[266] 张利民、夏明芳、王春等：《江苏省12大湖泊水环境现状与污染控制建议》，《环境监测管理与技术》2008年第2期。

[267] 张明祥、张建军：《中国国际重要湿地监测的指标与方法》，《湿地科学》2007年第1期。

[268] 张培刚：《农业与工业化：农业国工业化问题初探》，华中工学院出版社，1988。

[269] 张修桂：《太湖演变的历史过程》，《中国历史地理论丛》2009年第1辑。

[270] 张光生、王明星、叶亚新等：《太湖富营养化现状及其生态防治对策》，《中国农学通报》2004年第3期。

[271] 张海鹏：《经济发展中的森林利用结构研究》，中国社会科学院博士学位论文，2008。

[272] 张巍、王学军、江耀慈等：《太湖水质指标相关性与富营养化特征分析》，《环境污染与防治》2002年第1期。

[273] 张晓：《中国环境政策的总体评价》，《中国社会科学》1999年第3期。

[274] 张修峰、刘正文、谢贻发等：《城市湖泊退化过程中水生态系统服务功能价值演变评估——以肇庆仙女湖为例》，《生态学报》2007年第6期。

[275] 郑肇经：《太湖水利技术史》，农业出版社，1987。

[276] 宗菊如、周解清：《中国太湖史》，中华书局，1999。

[277] 左大培、杨春学：《经济增长理论模型的内生化历程》，中国经济出版社，2007。

[278] 中国可持续发展林业战略研究项目组：《中国可持续发展林业战略研究（战略卷）》，中国林业出版社，2003。

后 记

本书是我博士论文的最终成果。

人类文明与水资源有密切关系，湖泊生态系统不仅维持相关自然资源的产能，更长期为人类提供用水、灌溉、防洪、发电、交通、观光游憩等服务。而湿地被誉为“地球之肾”，具有调节气候、调蓄水量、净化水体、美化环境等多种功能，在各类生态系统中，其服务价值居于首位。中国是一个多湖泊的国家，湖泊总面积约 9 万平方公里，然而，人类生存型扩张和发展型扩张相互交织，对湖泊湿地这种重要战略资源构成的压力日益增强，近 50 年来，中国平均每年有近 20 个天然湖泊消亡，75% 的天然湖泊和人工湖泊出现富营养化，我国湖泊湿地保护面临严峻挑战。经济发展过程中的湖泊湿地资源管理成为学界的研究热点。正是在此背景下，我开展了对我国湖泊湿地资源利用和经济发展关系的博士论文研究。

每部书稿面世，难免要说感谢的话。这种谢意，不仅仅是礼节，更多的是来自内心情感的表达。首先要感谢我的博士生导师李周老师，感谢李周老师将我纳入门墙，使我有幸在中国社会科学院这个神圣的学术殿堂求索；正是老师高超的训练，使我真正完成了由一个科学的门外汉向一个科学的探索者的转变。在论文的选题过程中，得到了中国科学院生态环境研究中心欧阳志云教授的指导。在资料收集过程中，得到了中国国家林业局王福田、中国环境保护部周卫峰博士、中科院南京地理与湖泊研究所窦鸿身研究员和胡春华研究员、南京大学安树青教授和姜昊博士、水利部太湖流域管理局审计处康福宁、太湖流域管理局水文水资源监测局石亚东、江苏省环境评估中心华凤林、江苏农业环境监测保护站李荣刚、江苏省湿地保护站翟可、苏州市农委湿地保护管理站朱铮宇的支持与帮助。在博士论文写作中，得到了中国社会科学院研究生院农村发展系、中国社会科学院农村发展所生态与环境经济研究室的学者以及中国社会科学院研究生院黄慧芬博士、余功德博士后、张友志博士、方燕博士、欧阳葵博士的帮助。在此，谨向上述人员表示衷心的感谢。最后，将诚挚的谢意献给我的家人。

湖泊湿地资源利用与经济发展是个宏大的课题，涉及面非常广，以我现有的研究水平和视野，有许多问题是无法穷尽的，甚至会存在纰漏，敬请学界同仁和实践部门的同志多提宝贵意见。

邝奕轩

湖南长沙年嘉湖畔

2013 年 3 月 20 日

图书在版编目(CIP)数据

湖泊湿地资源利用与经济发展：以太湖湿地为例/邝奕轩著.
—北京：社会科学文献出版社，2013.4
ISBN 978-7-5097-3661-6

Ⅰ.①湖… Ⅱ.①邝… Ⅲ.①太湖-湿地资源-资源利用-研究
Ⅳ.①P942.530.78

中国版本图书馆CIP数据核字（2012）第185161号

湖泊湿地资源利用与经济发展
——以太湖湿地为例

著　　者／邝奕轩

出 版 人／谢寿光
出 版 者／社会科学文献出版社
地　　址／北京市西城区北三环中路甲29号院3号楼华龙大厦
邮政编码／100029

责任部门／经济与管理出版中心（010）59367226　　责任编辑／王莉莉
电子信箱／caijingbu@ssap.cn　　责任校对／丁爱兵
项目统筹／恽　薇　　责任印制／岳　阳
经　　销／社会科学文献出版社市场营销中心（010）59367081　59367089
读者服务／读者服务中心（010）59367028

印　　装／北京季蜂印刷有限公司
开　　本／787mm×1092mm　1/16　　印　　张／14.25
版　　次／2013年4月第1版　　字　　数／206千字
印　　次／2013年4月第1次印刷
书　　号／ISBN 978-7-5097-3661-6
定　　价／45.00元